湖南农业院士丛书

2020年湖南省重大主题出版项目

官 梅 官春云

——著

高油酸“双低”油菜栽培新技术

湖南科学技术出版社

图书在版编目（CIP）数据

高油酸“双低”油菜栽培新技术 / 官梅，官春云著. 一长沙 ：湖南科学技术出版社，2021.11
（湖南农业院士丛书）
ISBN 978-7-5710-0880-2

Ⅰ. ①高… Ⅱ. ①官… ②官… Ⅲ. ①油菜一蔬菜园艺一无污染技术 Ⅳ. ①S634.3

中国版本图书馆CIP数据核字(2020)第245153号

GAOYOUSUAN “SHUANGDI” YOUCAI ZAIPEI XINJISHU
高油酸“双低”油菜栽培新技术

著　　者：官　梅　官春云
出 版 人：潘晓山
责任编辑：李　丹
文字编辑：任　妮
出版发行：湖南科学技术出版社
社　　址：长沙市芙蓉中路一段416号泊富国际金融中心
网　　址：http://www.hnstp.com
邮购联系：0731-84375808
印　　刷：长沙超峰印刷有限公司
（印装质量问题请直接与本厂联系）
厂　　址：宁乡市金州新区泉州北路100号
邮　　编：410600
版　　次：2021年11月第1版
印　　次：2021年11月第1次印刷
开　　本：710mm×1000mm　1/16
印　　张：9.25
字　　数：126千字
书　　号：ISBN 978-7-5710-0880-2
定　　价：50.00元

前　言

中国是14亿多人口的大国，食用油是人们日常生活必需的消费品，2019年中国食用油消费量达到3000万吨，而其中70%以上依赖进口，自给率不到30%，作为一个人口大国，这种严重依赖进口的情况直接威胁到国家的粮油安全。相对大豆油与棕榈油而言，国内菜籽油的供给对国际市场的依赖程度相对较小。长江中下游有种植油菜的传统，是油菜主产区，大力发展油菜籽种植生产，是应对食用油供给挑战的重要举措，提高菜籽油自给能力很大程度上可缓解食用植物油原料供给紧张的问题，可将消费的“油瓶子”攥在中国人自己的手上。

高油酸“双低”（低芥酸、低硫苷）油菜具有高产、稳定、优质、低消耗、适应性好、推广价值高等特点。从1968年第一个低芥酸油菜品种“Oro”发布，到低芥酸、低硫苷品种“Tower”（1974年）和“Candle”（1977年）的成功选育，代表了“双低”油菜品种的开始。由于与先前品种营养上的显著差异，国际上把这种低芥酸、低硫苷特征的新类型油菜，命名为“Canola”，标志着油料和膳食质量都进入了一个新的时代。同时，由于“Canola”在低芥酸、低硫苷的同时，油酸含量增加（60%～70%），适宜作为培育高油酸“双低”油菜的原材料，从而得到相关学者、育种家等的关注，并由此打开了选育高油酸“双低”油菜的大门。

20世纪70年代末，湖南农业大学、中国农科院油料所、华中农业大学等有关科研单位相继开始了单（双）低油菜育种。“湘油11号”是湖南农业大学油料作物研究所官春云院士选育的我国第一个通过国家审定的“双低”油菜品种，1987年通过湖南省审定，1991年通过国家审定，推广面积40万公顷，被评为湖南省十大科技成果之一。随后官春云院士培育出“湘油13号”“湘油15号”系列，其他单位培育出“中双4号”“油研7号”等，这些品种集高产和优质于一身。当前，除特殊用途品种外，对高油酸“双低”油菜的要求已成为我国油菜新品种审定的品质标准。高油酸油菜是由“双低”油菜改良而成，研究表明其品质、农艺性状和抗病性均相当于或超过“双低”油菜，可进行大力繁殖与推广。

为了适应我国油菜生产迅速发展的需要，官春云院士和官梅教授系统总结了我国在高油酸“双低”油菜育种和栽培方面的研究成果，该书集中了官春云院士多年从事油菜科学研究成果和国内外有关文献资料，可供从事油菜科研、教学和生产的工作者参考。本书的出版得到了很多从事油菜科学研究同志的帮助和支持，在此，一一向他们表示衷心的感谢。

由于编者水平有限，书中缺点和错误在所难免，敬希读者批评指正。

官春云　官梅

2021年8月

目　录

第一章 油菜的商品价值与市场前景

一、优质油菜商品价值高，用途广

所谓优质油菜，即品质优良的油菜，在当前主要指“双低”油菜，即油中含低芥酸、饼粕中含低硫苷的油菜品种。广义的优质油菜还应包括种子含油量高，蛋白质含量高，且油中油酸含量高，亚油酸含量较高，芥酸含量低，亚麻酸含量低，饼粕中硫苷含量低，植酸含量低的油菜品种。

（一）优质油菜的油品质高

菜油所含的不饱和脂肪酸较高（95%左右），消化率高达99%，发热量大（1千克菜油发热量约为 3.77×10^{4} 千焦），能降低人体内胆固醇。我国现在大面积推广的优质油菜品种如湘油15号，种子含油量42%左右，油中含棕榈酸3.73%、硬脂酸2.80%、油酸66.96%、亚油酸17.70%、亚麻酸7.87%、花生烯酸0.84%、芥酸0.10%。另外高油酸1号，种子含油量44.2%，油中含硫苷20.5微摩尔/克，油酸83.2%，不含芥酸，测试结果均符合国家标准，含油量较高。高棕榈酸油在高温下挥发少，适合作煎炸油，高油酸油是一种健康营养油，对人体心血管健康有良好作用，而且较耐贮藏，因此，货架期较长。亚油酸和亚麻酸是人体必需脂肪酸。优质油菜不含对人体健康不利的芥酸，菜油中含有多种维生素，如维生素A、维生素D和维生素E，是人体脂溶性维生素的重要来源。菜油中还含有0.53%的植物固醇，也有降低胆固醇的作用。因此，优质菜籽油可以与橄榄油和茶油媲美，是人类膳食的必需品。菜油除用作烹调食用油外，还可进一步加工成起酥油和人造奶油。由于人造奶油含胆固醇低，价格低廉，故很受大众欢迎。

（二）优质油菜的饼粕是饲料优良蛋白质源

油菜种子中蛋白质含量为 25%左右，幅度为 22%～30%。在油菜籽饼粕中粗蛋白质含量一般在 40%以上。此外还含有一定的粗脂肪、纤维素、矿物质和多种维生素等，营养价值与大豆饼粕相近。优质油菜籽饼粕中仅含 30 微摩尔/克以下的硫苷（全称为硫代葡萄糖苷），直接用作饲料（或配合饲料）或精制蛋白不会对动物造成危害。1987 年我们研究表明，在肉鸡和肥育猪饲料中添加低硫苷菜饼 15%，奶牛饲料中添加 17%，鱼饲料中添加 30%，无论对产量还是对品质都是适宜的。优质油菜籽饼粕还可加工成供人们食用的优质植物性精蛋白，其生理价值仅低于蛋类，与肉类不相上下。

（三）菜油是重要的工业原料

高芥酸菜油是连续铸钢模具的润滑油和脱模剂（每吨钢约需耗用 1.4 吨菜油）。菜油也是金属热处理的淬火油，淬火冷却速度为 160 度/秒，比矿物油（100 度/秒）高。用高芥酸菜油制成的芥酸酰胺是生产聚乙烯和聚丙烯薄膜的增塑剂和稳定剂。短碳链（10－12 碳脂肪酸）菜油可用以生产洗涤剂、香波等。菜油经硫化处理后生产的黑油膏和白油膏，可用作天然橡胶和合成橡胶的软化剂。菜油经过硫酸化和磺化后可代替蓖麻油生产太古油。太古油又可进一步制成软皮白油，它是制革工业的软化剂。菜油经脱氢处理后可代替桐油作涂料。此外，油菜籽还可用来制造生物柴油，是重要的清洁能源。

（四）油菜在作物轮作复种中具有重要意义

油菜是很多谷类作物和经济作物的好前作。这是因为油菜根系发达，能分泌出有机酸，溶解土壤中难溶的磷素；油菜在生长期间有大量落叶、落花入土，收获后有残根、茎秆、果壳还田，能显著提高土壤肥力。

油菜可用作青饲料。甘肃、新疆、内蒙古等一年一熟地区，利用麦收后空闲土地播种油菜生产青饲料，既利用了麦收后的土地、光、温、水等自然资源，又减少了土壤风融，也为发展畜牧业提供了饲料。一般采用蛋白质含量较高的“双低”杂交油菜品种如华协1号、华协11号，于7月下旬播种，10月中旬收割，每公顷可产青饲料45吨以上。由于收割时油菜正处于花期，植株含氮量高，适口性也好。油菜花期长达1年，花部具有蜜腺，是良好的蜜源作物，每5～6亩油菜可放1箱蜜蜂，1亩中等长势的油菜（花）可产蜜2～3千克，可促进农副业的发展。

综上所述，优质油菜是一个有多种用途的作物，在国民经济中占有重要地位。所以，种优质油菜可以增加收入。

二、油菜具有良好的市场前景

（一）世界油菜的生产、贸易、消费同步增长

世界油菜的生产发展很快，1979—1998年其种植面积、总产量分别增长了2～3倍，成为世界上仅次于大豆的第二大油料作物。近年来，世界种植油菜面积为3.8亿亩左右，平均产量为3600万吨（尚不及4000万吨），主要分布在中国、加拿大、印度、德国、法国、澳大利亚、英国、美国、波兰和捷克等10国，这10国油菜总产量占世界油菜总产量的95%以上。

世界油菜籽的出口贸易也迅速发展，近年来年均贸易量为1000万吨，占世界油菜籽总产量的1/4，加上菜籽油、饼粕的贸易量可占47%。出口国主要是加拿大（占世界油菜籽出口量的50%左右），其次是澳大利亚、美国。进口国家主要在亚洲，包括日本、中国、印度、巴基斯坦和孟加拉国等，此外还有墨西哥和欧盟。

（二）国内植物油和饲用饼粕需求增长较快，市场空间大

由于人口的增长，生活水平的提高，以及养殖业的迅速发展，我国植物油和饲用饼粕的消费量大幅度增长，产需矛盾十分突出。1996—2020年我国植物油消费量增加了200万吨，平均每年增加50万吨，到2020年全国植物油消费量达1245万吨，其中菜籽油消费量为419万吨，占植物油消费总量的1/3。2020年我国油料折油（不含食用籽实和种子）产量为

900万吨，产、销缺口400万吨。2020年我国净进口植物油300万吨（含进口油料折油），其中进口油菜籽290万吨，菜油7.5万吨。近年来，我国饲用饼粕消费量平均增长160万吨，年均增长7%。但是由于我国蛋白饲料紧缺，饲用饼粕仍严重不足，至2020年全国油料生产的饼粕约2000万吨，其中，进口豆饼消费近1000万吨。

（三）国内市场需求潜力大

目前我国每年人均食用植物油消费量只有10千克，比世界平均消费水平（13.5千克）低3.5千克，比美国低10多千克，比东南亚国家还低5千克。根据人口增加、经济发展和近几年植物油消费增长速度综合分析，今后一段时间，我国植物油消费量还将继续保持年均增长50万吨的水平，预计到2021年全国植物油消费量将达到1600万吨，比2000年增加355万吨，折油为986万吨。

由于近几年我国油菜籽进口量逐年下降，因此，国产菜籽、菜油采购价格不断上涨。总的说来，与国外油菜籽相比，国产油菜籽具有相对的价格优势（表1-1）。

表1-1　2020年第二季度全国油菜籽现货价格变化趋势表

时间	现货价格/元	时间	现货价格/元	时间	现货价格/元
2020年4月1日	5040	2020年4月30日	5225	2020年6月2日	4925
2020年4月2日	5177.5	2020年5月6日	5225	2020年6月3日	4925
2020年4月3日	5177.5	2020年5月7日	5225	2020年6月4日	4925
2020年4月7日	5177.5	2020年5月8日	5225	2020年6月5日	4925
2020年4月8日	5177.5	2020年5月9日	5225	2020年6月8日	4925
2020年4月9日	5177.5	2020年5月11日	5225	2020年6月9日	4925
2020年4月10日	5177.5	2020年5月12日	5225	2020年6月10日	4925
2020年4月13日	5225	2020年5月13日	5225	2020年6月11日	4925

续表

时间	现货价格/元	时间	现货价格/元	时间	现货价格/元
2020年4月14日	5225	2020年5月14日	5225	2020年6月12日	5006.15
2020年4月15日	5225	2020年5月15日	5225	2020年6月15日	4925
2020年4月16日	5225	2020年5月18日	5225	2020年6月16日	4925
2020年4月17日	5225	2020年5月19日	5225	2020年6月17日	4925
2020年4月20日	5225	2020年5月20日	5225	2020年6月18日	4925
2020年4月21日	5225	2020年5月21日	5225	2020年6月19日	4925
2020年4月22日	5075.38	2020年5月22日	4975	2020年6月22日	4925
2020年4月23日	5225	2020年5月25日	4975	2020年6月23日	4925
2020年4月24日	5225	2020年5月26日	4975	2020年6月24日	4925
2020年4月26日	5225	2020年5月27日	4975	2020年6月28日	5100
2020年4月27日	5225	2020年5月28日	4975	2020年6月29日	5200
2020年4月28日	5225	2020年5月29日	4925	2020年6月30日	5237.5
2020年4月29日	5075.38	2020年6月1日	4925		

（四）我国油菜籽上市早，开拓国际市场潜力大

我国油菜主产区长江流域种植的油菜为生育期较短的冬油菜，每年5月就可收获上市。而加拿大和澳大利亚都是春油菜，每年3月播种，8月才能收获。欧洲各国种植的油菜是生育期较长的冬油菜，也要8月才能收获。可见我国油菜籽收获上市时间比国外早2～3个月，具有抢占市场先机的优势。此外，中国油菜籽与加拿大油菜籽相比向亚洲各国出口具有很多优势，如距离近、运输成本低、起运灵活等。若将油菜籽从中国运往日本可用较小的船（如1万吨装），随要随运，不压库；而从加拿大运往日本则需大船（如10万吨装），并要搬运压库，增加成本。目前，我国油菜籽无转基因污染，而加拿大油菜籽90％为转基因产品。

（五）我国油菜产业化开发将带动农民增收

油菜是一个大产业，它包括产、加、销、农、工、贸等领域。当前我国油菜产业化开发已经起步，国内现有油脂加工生产企业 5800 多家，其中中小企业占 87%，处理量为 30 吨、50 吨、100 吨的小油厂占相当比例。这些企业技术装备落后，产品品种单一，附加值低，成本高，不能形成规模。随着油菜产业化开发速度的提升，会逐步形成一批骨干龙头企业，并延长产业链，形成精品品牌，必将增强油菜产业的竞争力。与此同时，发展订单农业，抗御市场风险，发展交易市场，搞活油菜籽流通，发展能源和工业用油菜等，油菜生产的综合效益将大大提高。反之也必将促进油菜生产的发展、促进农业的增效和农民的增收。

第二章　油菜的品种

我国自开展优质油菜品种选育以来，育成了一大批优质油菜品种。据农业部统计，2002年和2003年，全国推广面积在5万亩以上的优质油菜品种分别达119个和148个，这些品种的育成和在生产上大面积的推广应用，极大地促进了我国优质油菜的发展，目前使我国优质油菜的普及率达90%以上。本章主要介绍新近育成的优质“双低”油菜品种和高油酸油菜品种以及这些品种的特征特性、适应地区及栽培技术要点。

一个优良品种常常具有高产、稳产、优质、低消耗、抗逆性强、适应性好、推广利用价值高等特点，能比较充分地利用自然栽培环境中的有利条件，避免或减少不利因素的影响，对于农业发展具有重要意义。油菜育种早期研究的重点是产量、株高、倒伏、整齐度、成熟度、含油量和病虫害等农艺性状，随后品质育种也逐渐开展。从1968年第一个低芥酸油菜品种Oro发布，到低芥酸低硫苷品种Tower（1974年）和Candle（1977年）的成功选育，代表了“双低”油菜品种的开始。由于与先前品种营养上的显著差异，国际上把这种低芥酸、低硫苷特征的新类型油菜命名为Canola，标志着油料和膳食质量都进入了一个新的时代。同时，由于Canola在低芥酸低硫苷的同时，油酸含量增加（60%～70%），适宜作为培育高油酸“双低”油菜的原材料，从而得到相关学者、育种家等的关注，并由此打开了选育高油酸“双低”油菜的大门。

1992年，Auld DL等利用EMS诱变，选出一些高油酸突变系。1995年，第一个高油酸品种选育成功，国外高油酸油菜品种陆陆续续被选育出来。我国的高油酸油菜育种虽然开始较晚，但已取得了不俗的成就。湖南农业大学、中国农业科学院油料作物研究所、浙江农业科学研究院等陆续推出了高油酸油菜新品种，如“高油酸1号”“湘油708”“中油80”“浙油80”等。2020年6月4日，在湖南农业大学召开了“高油酸油菜籽”标准审定会，标准规定了高油酸油菜籽的术语与定义、质量要求、检验方法、等级划分等，对促进我国油菜产业高质量发展、推动高油酸油菜新品种选育有重大意义，高油酸油菜发展前景广阔。

一、从“双低”油菜到高油酸油菜

20世纪70年代末，湖南农业大学、中国农科院油料所、华中农业大学等有关科研单位相继开始了单（双）低油菜育种。“湘油11号”是湖南农业大学油料作物研究所官春云院士选育的我国第一个通过国家审定的“双低”油菜品种，1987年通过湖南省审定，1991年通过国家审定，推广面积40万公顷，被评为湖南省十大科技成果之一。随后官春云院士培育出“湘油13号”“湘油15号”系列，其他单位培育出“中双4号”“油研7号”等，这些品种集高产和优质于一身。当前，除特殊用途品种外，“双低”品种要求已成为我国新品种审定的最低品质标准。高油酸油菜是由“双低”油菜改良而成，研究表明其品质、农艺性状和抗病性均相当于或超过“双低”油菜，可进行大力繁殖与推广。

（一）湘油系列“双低”油菜

1. 湘油11号

湘油11号由湖南农业大学官春云院士选育，属甘蓝型半冬性品种，全生育期210～220天，适于稻—稻—油三熟制栽培地区种植。

（1）特征特性

湘油11号株高160～170厘米，主茎总节数30节左右，一次有效分枝数8个左右，二次有效分枝数10个左右，株型紧凑，主花序长70厘米左右，单株角果数300～500个，每果粒数18～20粒，千粒重3.2～3.5克。在角果发育期植株上还保留有部分绿叶，而且叶片和角果的净光合率都较高。抗逆性强，主要表现在茎秆坚硬，耐肥抗倒；菌核病和病毒病危害较轻，菌核病发病率低。种子含油量 40%左右，油酸 60.74%，芥酸 0.47%。菜饼中硫苷含量 0.24%。

（2）产量表现

湘油 11 号一般亩产 100～150 千克，高的亩产 200 千克以上，比对照湘油 5 号增产 10%以上。在湖南省单低、“双低”油菜区域试验，生产试验和生产示范中产量均居前列。

2. 湘油 13 号

湘油 13 号属半冬性中熟偏早的甘蓝型油菜品种，冬前长势强，成熟早。在湖南省区域试验中，3 年平均全生育期为 217 天，与对照中油 821 相同，比湘油 11 号早 3.5 天。

（1）特征特性

湘油 13 号株型呈扇形，紧凑；叶色浅绿，有蜡粉，总叶数 28 片左右，种子黄褐色。在每公顷 1.5×10^5 株的种植密度下，株高 165 厘米左右，一次有效分枝位约 45 厘米，一次有效分枝数 8 个左右，二次有效分枝数 5 个左右，单株有效角果数约 300 个，果较粗，每果粒数约 20 粒，千粒重达 4 克以上。种子含油量 39.97%，油酸 66.32%，芥酸 1.64%，硫苷 26.1 微摩尔/克。中抗病毒病，低抗菌核病，并具有很强的抗低温阴雨结荚能力。由于茎秆坚硬，该品种具有很强的抗倒伏能力。

（2）产量表现

单产均在 1725 千克/公顷以上，多数点产量位居第一。在 3 年共 22 点次的全省优质油菜区试中，有 16 个点产量居第一位，4 个点产量位居第二，产量第 1 点次率达 72.7%，平均产量达 1824 千克/公顷，比湘油 11 号（CK1）增产 19.22%，增产极显著，比中油 821（CK2）增产 8.33%，增产显著，比对照增产点次率为 100%。其中，1990—1991 年区试，平均产量为 1690.5 千克/公顷，比对照湘油 11 号增产 14.65%，增产极显著；1991—1992 年区试，平均产量为 1877.3 千克/公顷，比对照湘油 11 号增产 25.1%，增产极显著，比对照中油 821 增产 15.5%，增产显著；1992—

1993 年区试，平均产量 1820.3 千克/公顷，比对照湘油 11 号增产 12.88%，增产极显著，比对照中油 821 增产 2.8%。区试中，湘油 13 号表现出了良好的丰产性和稳产性。

3. 湘油 15 号

湘油 15 号由湖南农业大学官春云院士选育，属甘蓝型半冬性常规品种，生育期较中油 821 早 0.7 天，适宜在湖北、湖南、江西、安徽省冬油菜区种植。

（1）特征特性

湘油 15 号属甘蓝型半冬性常规品种，子叶肾形，苗期叶琴形，裂叶 2～3 对，叶缘锯齿状，叶绿色，较淡，有蜡粉。根系发达，根颈粗，株型紧凑，茎秆硬。株高 165 厘米左右，一次有效分枝数 8 个左右，二次有效分枝数 5 个左右，主花序长 75 厘米左右，单株角果 350 个左右。角果长 7～9 厘米，果粗长，每果种子数 20 粒左右。种子近圆形，黑褐色，有少量黄色籽，千粒重 4 克左右。抗（耐）菌核病和病毒病性与中油 821 相当。种子含油量 39.7%，油酸 66.32% ，芥酸 0.21%，硫苷 62.19 微摩尔/克。

（2）产量表现

1998—2000 年参加国家长江中游区试，1998—1999 年平均亩产 133.33 千克，较对照增产 5.74%；1999—2000 年平均亩产 156.37 千克，较对照增产 7.89%，两年平均亩产 144.86 千克，较对照平均增产 6.81%。1999—2000 年生产试验平均亩产 141.5 千克，较对照中油 821 增产 5.01%。

上述“双低”油菜农艺性状、品质性状均较好，油酸含量比传统油菜高，达 60%左右。适宜用作培育高油酸油菜的材料。

（二）高油酸油菜与“双低”油菜性状对比

官邑与黄璜以 2 个“双低”油菜品种为对照，对 4 个高油酸品系（表 2-1）进行了农艺性状的调查研究。

表 2-1 高油酸油菜品种种子中主要脂肪酸组成

类别	品种（系）	脂肪酸组成/%		
		C18∶1	C18∶2	C18∶3
高油酸油菜	高油酸 1 号	83.8	10.9	5.3
	高油酸 2 号	85.2	9.8	5.0
	高油酸 3 号	81.7	9.4	8.8
	高油酸 4 号	80.8	10.3	7.3
“双低”油菜	湘油 15 号	61.4	20.5	10.2
	湘油 13 号	60.0	20.1	10.3

1. 农艺性状

高油酸油菜品种的株高、分枝位、一次分枝数、每果粒数、千粒重均与“双低”油菜品种相当，差异不显著，但高油酸油菜品种单株角果数略低（表 2-2）。

表 2-2 高油酸油菜品种的农艺性状

类别	品种（系）	株高/厘米	分枝位/厘米	一次分枝数/个	单株角果数/个	每果粒数/粒	千粒重/克	全生育期/天
高油酸油菜	高油酸 1 号	170.2a	35.4b	8.3b	543.5a	23.6b	4.17a	210
	高油酸 2 号	167.0a	40.6b	9.2a	499.2b	23.4b	4.20a	212
	高油酸 3 号	166.5a	38.0b	8.5b	487.9b	23.7b	4.21a	211
	高油酸 4 号	165.5a	38.0b	8.4b	536.5a	23.5b	4.20a	214
“双低”油菜	湘油 15 号	165.4a	44.3a	9.2a	544.6a	24.5a	4.23a	210
	湘油 13 号	166.3a	35.6b	8.8b	520.3a	23.1b	4.29a	208

注：同列数据后小写字母不同表示达到 5%差异显著水平，下同。

2. 产量

统计分析表明，高油酸油菜品种的产量与“双低”油菜品种的产量差异不显著。从表 2-3 可看出，高油酸 1 号和高油酸 2 号产量较高，单产分别为 2748.0 千克/公顷和 2629.5 千克/公顷。

表 2-3　　高油酸油菜品种的产量及种子含油量

类别	品种（系）	产量/(千克/公顷)	含油量/%
高油酸油菜	高油酸 1 号	2748.0a	46.2a
	高油酸 2 号	2629.5a	47.1a
	高油酸 3 号	2515.5a	46.0a
	高油酸 4 号	2458.5a	45.8a
“双低”油菜	湘油 15 号	2422.5a	45.5a
	湘油 13 号	2353.5a	45.6a

3. 种子含油量

高油酸油菜品种的种子含油量见表 2-3。可以看出，高油酸 1 号和高油酸 2 号种子含油量较高，分别为 46.2%和 47.1%。统计分析表明，高油酸品种的种子含油量与“双低”油菜品种差异不显著。

4. 植株倒伏情况

从表 2-4 可以看出，高油酸油菜品种与“双低”油菜品种抗倒性均较强，倒伏株率仅 7%～18%，两者平均分别为 12.0%和 12.5%，差异不显著。

表 2-4　　高油酸油菜品种植株倒伏情况

类别	品种（系）	调查株数/株	直立株/株	斜立株/株	倒伏株/株	倒伏株率/%
高油酸油菜	高油酸 1 号	100	28	65	7	7
	高油酸 2 号	100	38	44	18	18
	高油酸 3 号	100	35	51	14	14
	高油酸 4 号	100	34	53	13	13
“双低”油菜	湘油 15 号	100	34	56	10	10
	湘油 13 号	100	40	45	15	15

5. 病毒病和菌核病发病情况

病毒病发病情况为高油酸品种高于“双低”油菜品种，但差异不显著（表 2－5）。菌核病危害情况为高油酸品种略低于“双低”油菜品种，其差异也不显著（表 2－5）。

表 2－5　　高油酸油菜品种病毒病和菌核病的发病情况

类别	品种（系）	调查株数/株	病毒病		菌核病	
			发病率/%	病情指数	发病率/%	病情指数
高油酸油菜	高油酸 1 号	100	15	0.207	2	0.257
	高油酸 2 号	100	14	0.205	0	0.250
	高油酸 3 号	100	14	0.204	4	0.265
	高油酸 4 号	100	14	0.206	2	0.257
“双低”油菜	湘油 15 号	100	5	0.202	4	0.293
	湘油 13 号	100	3	0.201	2	0.257

供试高油酸品系 4 个，均来自湖南农业大学油料作物研究所。高油酸材料系“双低”油菜湘油 15 号种子经 10 万伦琴 ^{60}Coγ 射线电离辐射处理后获得的突变系第 10 代，性状稳定。所采用的高油酸品种油酸含量在 80%以上。供试“双低”油菜品种为湘油 13 号和湘油 15 号，油酸含量为 60%左右。

此研究表明，油菜高油酸品种与“双低”品种在农艺性状、种子产量和抗病性上差异均不显著。“双低”油菜是我国当前大面积推广的油菜品种，现在证实高油酸油菜品种品质、农艺性状和抗病性均相当于或超过“双低”油菜品种。

二、国内新品种

（一）国内高油酸油菜的发展简况

20 世纪 80 年代初，湖南农业大学油料所官春云院士率先进行高油酸油菜育种研究，从1999年开始，利用$^{60}Co\gamma$射线处理湘油15号干种子，对辐射后代进行连续选择，2006年获得稳定的高油酸油菜种子，目前已获得100多个油酸含量在80%以上、性状优良的高油酸油菜新品系。认定高油酸1号、湘油708等高油酸油菜新品种4个，其中高油酸1号于2017年获得了植物新品种权证书，湖南春云农业科技股份有限公司还开展了机械化制种技术研究。

2005年以来，华中农业大学油菜遗传改良创新团队从高油酸油菜育种资源创新、高油酸油菜性状形成的遗传及分子机理等方面开展了较为系统的研究。已育成5个常规品系和3个核不育杂交种，这些品系的油酸含量稳定在75%以上。2012年，华中农业大学在江陵县建立了我国第一个高油酸油菜籽生产基地。

西南大学李加纳教授利用航天诱变技术，获得油酸含量87.22%的甘蓝型油菜突变体，并开展了大量高油酸油菜研究，还建设了一条小型生产线进行菜油品质研究。

浙江省农科院于2012年培育出一个高油酸新品种“浙油20”，其油酸含量约为80%，并推出了一款高油酸健康菜籽油“爱是福”。2015年审定了国内第一个高油酸油菜新品种“浙油80”（油酸含量83.4%，亩产190千克左右，产油量与普通品种相当）。

2015年10月11日，云南省农科院经济作物研究所组织对高油酸油菜杂交种“E07HO27”、常规种“E0033”在玉龙县太安乡种植表现情况进行田间鉴评。与会专家认为与对照品种花油8号相比，高油酸油菜不仅品质更高，而且田间表现情况也更胜一筹！

（二）湘油系列高油酸油菜

湖南农业大学从2000年开始进行高油酸油菜研究，利用辐射诱变的方法获得了高油酸油菜新材料，在此基础上通过系谱法进行系统选育，先后育成了高油酸1号、湘油708等。同时，利用杂交育种，通过化学杀雄技术获得了湘杂油991、湘杂油992。国外高油酸育种工作亦在如火如荼地进行，并在原有的高油酸品系上，进行多种类型的高油酸品种发掘。

1. 高油酸1号

（1）品种特征特性

高油酸1号植株生长习性半直立，叶中等绿色，无裂片，叶翅2～3对，叶缘弱，最大叶长34.7厘米（中），最大叶宽21.4厘米（中），叶柄长度中，刺毛无，叶弯曲程度弱，开花期中，花粉量多，主茎蜡粉少，植株花青苷显色弱，花瓣中等黄色，花瓣长度中，花瓣宽度中，花瓣相对位置侧叠。植株总长度169.5厘米（中），一次分枝部位68厘米，一次有效分枝数7.6个，单株果数194.5个，果身长度8.5厘米（中），果喙长度1.2厘米（中），角果姿态上举，籽粒黑褐色，千粒重3.95克（中）。该组合在湖南两年多点试验结果表明，在湖南9月下旬播种，次年5月初成熟，全生育期224天左右。

种子中不含芥酸，含硫苷20.5微摩尔/克，含油44.2%，油酸含量83.2%，测试结果均符合国家标准。菌核病平均发病株率为8.1%，抗菌核病，病毒病的平均发病株率为1.6%，高抗病毒病。经转基因成分检测，不含任何转基因成分。

（2）两年多点试验总结（2015—2016年、2016—2017年）

1）品种及供种单位。参试品种共8个，对照为“双低”杂交种湘杂油763，参试品种见表2-6。

表2-6　参试品种及对照

品种名	类型
高油酸1号	常规种
杂2013（2015—2016）	三系杂交种
湘杂油991	化杀杂交种
湘油708	常规种
油796（2015—2016）	化杀杂交种

续表

品种名	类型
油 SP-5（2015—2016）	三系杂交种
湘油 1035	常规种
湘杂油 992	化杀杂交种
湘杂油 763（CK）	“双低”杂交种
野油 865（2016—2017）	三系杂交种
油 HO-5（2016—2017）	三系杂交种

2）试验设计及田间管理。①试验设计。试验地要求排灌方便。土壤类型为壤土或沙壤土，肥力中等偏上。前作为一季中稻。试验按油菜正规区域试验的方案实施，随机区组排列，三次重复，小区面积 20 平方米，定苗密度 1.5 万株/亩。田间管理按常规高产田实施。

2015—2016 年度试验共设 10 个试验点，分别由君山区农业局、衡阳县农科所、安乡县农业局粮油站、安仁县农业局粮油站、衡阳县农业局粮油站、道县农业局粮油站、常宁市农业局粮油站、耒阳市农业局粮油站、浏阳市农业局原种场、国家油料改良中心湖南分中心（长沙）承担；2016—2017 年度试验设除衡阳县农业局粮油站的其他 9 个试验点。

②田间管理。种植密度 1.2 万株/亩（每小区 30 行，每行 12 株）。各生育阶段调查物候期和油菜生长发育情况，成熟期调查病害发生情况，角果成熟后在第二区组取每个组合各 10 个单株进行室内考种。

③气候特点。2015 年 9 月各试点降雨较多，田间无法顺利作业，多个试点播种期稍有推迟，由于墒情充足，油菜出苗整齐；进入越冬期以前各试点天气以晴好为主，气温下降平稳，有利于形成冬前壮苗；越冬期极端气温较少，属于暖冬年份，各试点参试品种冻害较轻；春季气温回升缓慢，分枝和角果形成；4 月初油菜刚进入盛花期，各试点普遍遭遇强对流天气，大风降雨使得参试品种倒伏严重，而后的几场阴雨利于菌核病菌的发生，影响到角果数和籽粒重，造成抗倒、抗病品种和不抗倒、不抗病品

种之间产量的差异较大。2016 年 9 月各试点墒情较好，都能做到适期播种，油菜出苗整齐；进入越冬期以前各试点天气以晴好为主，气温下降平稳，有利于形成冬前壮苗；10—11 月，雨水充足，油菜长势强；蕾薹期墒情充足，气温回升较慢，光照充足，有利于花芽分化；花期较常年提前 5 天左右。整个花期阳光充足、墒情较好，有利于授粉和角果籽粒形成。

3）产量结果。2015—2016 年度与 2016—2017 年度各品种在各试点的产量表现及汇总结果见表 2－7、表 2－8。由表 2－7 可见，由于在气候、地力及管理上的不同，各试点间产量水平存在差异。

2015—2016 年度，根据测产结果，各组合的产量详见表 2－7。方差分析结果表明，区组间有差异，但未达显著水平，说明区组间的田间肥力有一定差异；组合间的差异达极显著水平。各组合的亩产水平在 132.53～158.25 千克，说明组合之间的产量差异很大。本试验中，对照品种湘杂油 763 的平均单产最低，每亩为 132.53 千克。高油酸 1 号平均亩产 150.08 千克，居组合第五位，比对照增产 13.30%。

2016—2017 年度，根据实测结果，各组合的产量详见表 2－8。各组合的亩产水平在 147.675～167.925 千克，说明组合之间的产量差异很大。对照品种湘杂油 763 平均亩产仍然最低，为 147.675 千克；高油酸 1 号平均亩产 160.425 千克，居组合第四位，比对照增产 8.6%。

表 2－7　　2015—2016 年度参试品种在各试点的产量表现

品种	项目	君山	耒阳	浏阳	衡阳县	安乡	安仁	长沙	道县	衡阳市	常宁	汇总
湘油708	亩产/千克	123.60	155.85	164.25	220.13	116.18	142.50	128.10	166.73	145.50	134.63	149.78
	增产/%	8.80	8.30	37.80	30.40	−8.20	21.90	22.40	12.00	2.60	−4.40	13.00
	位次	10	3	5	3	8	1	9	4	4	10	6
杂2013	亩产/千克	127.28	161.70	90.83	181.73	123.38	117.38	160.50	144.75	141.83	132.38	138.15
	增产/%	12.00	12.30	−23.80	7.70	−2.50	0.40	53.40	−2.80	0.10	−6.00	4.30
	位次	8	1	12	8	6	5	4	9	6	11	8

续表

品种	项目	君山	耒阳	浏阳	衡阳县	安乡	安仁	长沙	道县	衡阳市	常宁	汇总
湘油1035	亩产/千克	133.05	132.68	130.73	200.55	124.95	119.18	170.78	176.40	168.45	146.55	150.30
	增产/%	17.10	−7.80	9.60	18.80	−1.30	2.00	63.20	18.40	18.80	4.10	13.40
	位次	6	10	8	7	5	3	2	1	1	4	4
湘杂油992	亩产/千克	167.78	141.23	189.08	229.73	99.60	102.38	174.68	172.88	137.70	135.83	155.10
	增产/%	47.70	−1.90	58.60	36.00	−21.30	−12.40	66.90	16.10	−2.80	−3.60	17.00
	位次	1	7	2	2	11	8	1	2	9	9	3
高油酸1号	亩产/千克	163.20	157.28	178.43	204.68	96.45	118.58	142.58	146.85	140.55	152.18	150.08
	增产/%	43.70	9.30	49.70	21.20	−23.80	1.50	36.30	−1.40	−0.80	8.10	13.30
	位次	2	2	3	6	12	4	7	8	8	3	5
湘杂油991	亩产/千克	138.45	155.40	175.05	219.68	127.13	137.85	143.48	165.90	162.75	156.30	158.25
	增产/%	21.90	8.00	46.80	30.10	0.50	18.00	37.10	11.40	14.80	11.00	19.40
	位次	5	4	4	4	3	2	6	5	2	2	1
油SP－5	亩产/千克	155.85	121.43	208.80	232.65	135.38	93.38	160.73	170.85	143.78	143.55	157.95
	增产/%	37.10	−15.60	75.20	37.80	7.00	−20.10	53.60	14.70	1.40	2.00	19.20
	位次	3	11	1	1	1	9	3	3	5	5	2
湘杂油763	亩产/千克	113.63	143.93	119.18	168.83	126.60	116.85	104.63	148.95	141.75	140.85	132.53
	增产/%	0.00	0.00	0.00	0.00	0.00	0.00	0.00	0.00	0.00	0.00	0.00
	位次	11	6	10	9	4	6	12	7	7	6	9
油796	亩产/千克	125.70	94.95	125.48	213.83	120.90	104.48	144.60	160.95	158.33	156.75	139.28
	增产/%	10.70	−34.00	5.30	26.70	−4.50	−10.60	38.20	8.00	11.70	11.30	5.10
	位次	9	12	9	5	7	7	5	6	3	1	7

表 2-8 2016—2017 年度参试品种在各试点的产量表现

品种	项目	君山	耒阳	浏阳	衡阳县	安乡	安仁	长沙	道县	常宁	汇总
高油酸1号	亩产/千克	136.95	150.375	237.6	134.7	167.55	93.825	191.1	201.3	130.575	160.425
	增产/%	23.6	−17.4	13.3	28.1	9.5	−21.1	3.1	34.2	14.3	8.6
	位次	6	8	2	2	3	8	5	1	4	4
湘杂油992	亩产/千克	154.725	203.85	217.2	133.35	162.15	115.5	200.25	166.425	148.425	166.875
	增产/%	39.7	12.0	3.6	26.7	6.0	−2.8	8.0	11.0	29.9	13.0
	位次	3	1	6	3	4	6	2	5	1	2
油HO-5	亩产/千克	162.3	183.225	225.525	135.225	170.925	116.025	185.25	141.3	125.925	160.65
	增产/%	46.5	0.7	7.6	28.5	11.7	−2.3	−0.1	−5.8	10.2	8.8
	位次	1	3	3	1	1	4	7	8	6	3
野油865	亩产/千克	114.675	177.45	220.5	130.35	154.275	116.7	196.8	189	128.625	158.7
	增产/%	3.5	−2.5	5.2	23.9	0.8	−1.8	6.2	26.0	12.6	7.5
	位次	7	6	4	5	6	5	4	3	5	6
湘油708	亩产/千克	152.4	179.7	214.275	129.6	170.475	112.125	171.15	192.6	115.875	159.825
	增产/%	37.5	−1.3	2.2	23.1	11.4	−5.6	−7.7	28.4	1.5	8.2
	位次	4	5	7	6	2	7	8	2	7	5
湘杂油763	亩产/千克	110.775	182.025	209.7	105.225	153	118.8	185.4	150	114.225	147.675
	增产/%	0.0	0.0	0.0	0.0	0.0	0.0	0.0	0.0	0.0	0.0
	位次	8	4	8	8	7	3	6	7	8	8
湘杂油991	亩产/千克	159	186.6	245.925	131.625	155.475	132.15	214.725	152.1	133.725	167.925
	增产/%	43.5	2.5	17.3	25.1	1.6	11.2	15.8	1.4	17.1	13.7
	位次	2	2	1	4	5	1	1	6	3	1

续表

品种	项目	君山	耒阳	浏阳	衡阳县	安乡	安仁	长沙	道县	常宁	汇总
湘油1035	亩产/千克	139.95	155.325	219.675	106.95	152.175	120.75	199.2	168.975	139.125	155.775
	增产/%	26.3	-14.7	4.8	1.7	-0.5	1.6	7.4	12.7	21.8	5.5
	位次	5	7	5	7	8	2	3	4	2	7

4）品质分析。对所有样品进行品质分析，测定其芥酸、硫苷、含油量3项指标。其中芥酸分析样品为各参试单位提供的种子，采用气相色谱法，根据国家标准（GB/T17377—1998）ISO5508：1990测定，硫苷和含油量分析样品为参试品种在各试点收获油菜籽混合样，硫苷测定采用近红外法；根据国际标准［ISO9167—1：1992（E）］测定，含油量采用国家标准（NY/T4—1982）残余法测定（下同）。所有样品均在湖南农业大学国家油料改良中心湖南分中心测定。分析表明，各参试品种均达到品种审定的“双低”标准（芥酸<1%，硫苷<30微摩尔/克）。分析结果见表2-9、表2-10。

表2-9　2015—2016年度参试品种品质分析结果

品种	芥酸/%	硫苷/（微摩尔/克）	含油量/%
高油酸1号	未检出	20.19	41.72
杂2013	未检出	21.83	37.48
湘杂油991	未检出	20.17	48.42
湘油708	未检出	20.75	43.37
油796	0.2	20.42	45.94
油SP-5	0.1	20.25	41.02
湘油1035	未检出	19.34	46.95
湘杂油992	未检出	20.82	42.28
湘杂油763（CK）	未检出	18.15	45.71

表 2-10 2016—2017 年度参试品种品质分析结果

品种	芥酸/%	硫苷/(微摩尔/克)	含油量/%
野油 865	0.2	20.46	43.78
高油酸 1 号	未检出	22.13	48.29
油 HO-5	0.1	22.14	45.40
湘杂油 992	未检出	22.10	43.28
湘杂油 991	未检出	21.23	44.30
湘油 708	未检出	20.94	45.10
湘油 1035	未检出	22.07	48.42
湘杂油 763	未检出	22.70	46.54

5）农艺性状。对 2015—2016 年度和 2016—2017 年度各参试组合的株高、分枝部位、有效分枝数、主花序长度、单株有效角果数、角粒数、千粒重和单株产量等主要经济性状进行了考察（表 2-11、表 2-12）。各参试组合的株高为 163～183 厘米，分枝部位 42～69 厘米，一次有效分枝数 6～9 个，单株有效角果数 220～280 个，差异较大。每一个角粒数为 20～23 粒，千粒重 3～4 克，组合之间的差异不大。单株产量为 11～14 克，试验各参试组合的单株产量情况，组合之间的差异与小区产量和单产水平的变化趋势大致相同，单株产量较真实地反映了各组合的产量潜力，说明本试验的取样和考种操作误差较小。其中高油酸 1 号植株高度约 167 厘米，分枝部位 58 厘米左右，一次有效分枝数约 7 个，单株角果数约 230 个，千粒重约 3.9 克，单株产量约 13.5 克。

表 2-11 2015—2016 年度农艺性状表

品种	株高/厘米	分枝部位/厘米	一次有效分枝数/个	长度/厘米	主花序角数/个	每厘米结角密度/个	总角数/个	角粒数/粒	千粒重/克	单株产量/克	不育株率/%
湘油 708	170.59	69.40	6.97	51.05	56.57	1.11	237.18	19.40	3.32	11.83	0.26

续表

品种	株高/厘米	分枝部位/厘米	一次有效分枝数/个	长度/厘米	主花序角数/个	每厘米结角密度/个	总角数/个	角粒数/粒	千粒重/克	单株产量/克	不育株率/%
杂2013	174.50	57.98	7.33	58.72	66.14	1.13	293.23	17.65	3.74	12.58	3.99
湘油1035	174.24	57.93	7.42	50.58	58.73	1.16	271.41	19.41	3.87	13.62	1.00
湘杂油992	165.13	56.07	7.30	56.90	63.00	1.11	270.55	18.24	3.93	13.15	0.73
高油酸1号	166.35	58.48	7.65	51.92	58.35	1.12	246.70	18.41	3.79	13.08	1.56
湘杂油991	182.02	68.61	7.20	56.32	60.80	1.08	248.71	19.33	3.51	13.61	4.33
油SP-5	173.63	63.66	7.12	58.52	65.06	1.11	264.54	20.37	3.35	13.08	2.40
湘杂油763	174.32	57.65	7.84	54.94	60.40	1.10	280.67	18.72	3.42	12.44	1.61
油796	168.05	54.49	7.31	52.87	60.60	1.15	263.77	18.44	3.61	13.07	0.10

表2-12　2016—2017年度农艺性状表

品种	株高/厘米	分枝部位/厘米	一次有效分枝数/个	长度/厘米	主花序角数/个	结角密度/个/厘米	总角数/个	角粒数/个	千粒重/克	单株产量/克	不育株率/%
高油酸1号	167.28	57.02	6.84	56.30	58.83	1.04	222.16	22.03	4.06	14.38	0.55
湘杂油992	176.84	61.97	7.92	57.46	65.34	1.14	258.57	22.32	3.83	14.54	0.56
油HO-5	179.07	61.05	8.08	56.22	60.00	1.07	249.93	23.45	3.80	13.68	1.77
野油865	166.41	52.96	8.86	49.99	50.59	1.01	222.21	23.41	4.02	13.34	3.25

续表

品种	株高/厘米	分枝部位/厘米	一次有效分枝数/个	长度/厘米	主花序角数/个	结角密度/个/厘米	总角数/个	角粒数/个	千粒重/克	单株产量/克	不育株率/%
湘油708	173.22	54.00	7.97	53.76	52.11	0.97	213.54	24.45	3.88	13.43	0.08
湘杂油763	180.72	66.38	7.66	59.51	65.56	1.10	221.32	22.96	3.86	12.89	0.48
湘杂油991	169.44	57.03	8.28	52.32	53.57	1.02	219.01	25.54	4.15	14.00	1.27
湘油1035	163.62	42.55	8.22	61.23	64.39	1.05	249.57	20.16	4.16	14.55	1.25

6）生育期与一致性分析。两个年度参试的5个组合全生育期无差异，均在224～225天。生长一致性除湘杂油763在2015—2016年度表现中等之外，其他组合两个年度均表现齐性（表2-13、表2-14）。

表2-13 2015—2016年度全生育期与一致性观察表

品种名称	全生育期/天	比CK早熟天数/天	一致性
湘油708	224.5	−0.5	齐
杂2013	225.1	0.1	齐
湘油1035	225.1	0.1	齐
湘杂油992	225.7	0.7	齐
高油酸1号	224.2	−0.8	齐
湘杂油991	225.1	0.1	齐
油SP-5	224.5	−0.5	齐
湘杂油763	225.0	0.0	中
油796	224.1	−0.9	齐

表 2-14　　2016—2017 年度全生育期与一致性观察表

品种名称	全生育期/天	比 CK 早熟天数/天	一致性
高油酸 1 号	228.3	−0.3	齐
湘杂油 992	227.0	−1.6	齐
油 HO-5	228.3	−0.3	齐
野油 865	227.3	−1.3	齐
湘油 708	226.9	−1.7	齐
湘杂油 763	228.6	0.0	齐
湘杂油 991	227.9	−0.7	齐
湘油 1035	228.6	0.0	齐

7）抗性分析。依据 DB51/T1035—2010 油菜抗菌核病性田间鉴定技术规程和 DB51/T1036—2010 油菜抗病毒病性田间鉴定技术规程，对各组合病毒病和菌核病进行调查（下同），结果表明各组合均无病毒病；各组合 2016—2017 年度菌核病发病率整体较 2015—2016 年度高，其中湘杂油 763、湘油 708、杂 2013 在两个年度发病率均较高，而湘杂油 991、湘杂油 992 发病率较低，抗性较好。各组合的抗倒性除 2015—2016 年度的杂 2013 表现中等之外，其他组合均表现正常，未出现倒伏（表 2-15、表 2-16）。

表 2-15　　2015—2016 年度抗性观察

品种名称	菌核病		病毒病		抗倒性
	病害率/%	病害指数	病害率/%	病害指数	
湘油 708	15.56	10.00	0.00	0.00	强
杂 2013	16.37	12.66	0.00	0.00	中
湘油 1035	9.73	8.08	0.00	0.00	强
湘杂油 992	7.66	6.92	0.00	0.00	强
高油酸 1 号	7.57	5.14	0.00	0.00	强
湘杂油 991	10.68	7.31	0.00	0.00	强

续表

品种名称	菌核病		病毒病		抗倒性
	病害率/%	病害指数	病害率/%	病害指数	
油 SP-5	9.54	5.25	0.00	0.00	强
湘杂油 763	16.88	12.17	0.00	0.00	强
油 796	12.71	8.98	0.00	0.00	强

表 2-16　　2016—2017 年度抗性观察表

品种名称	菌核病		病毒病		抗倒性
	病害率/%	病害指数	病害率/%	病害指数	
高油酸 1 号	17.5	9.3	0	0	强
湘杂油 992	13.0	6.9	0	0	强
油 HO-5	13.2	6.9	0	0	强
野油 865	19.3	12.5	0	0	强
湘油 708	24.4	15.0	0	0	强
湘杂油 763	18.5	9.8	0	0	强
湘杂油 991	15.8	10.0	0	0	强
湘油 1035	16.0	8.8	0	0	强

8）品种简评。高油酸 1 号株高约 167 厘米，一次有效分枝数约 7 个，单株角果数约 230 个，千粒重约 3.9 克，单株产量约 13.5 克，平均单产 160.43 千克，比对照增产 8.64%，达到极显著水平；不育株率约 1%，生育期 226 天，菌核病病害率 12%，病害指数 7.1；病毒病未发病，抗倒伏；种子芥酸含量为 0，商品籽硫苷含量约 21 微摩尔/克，含油量 44.29%，油酸含量 83.2%，品质符合油菜审定标准，属于高油酸品种。

（3）品种主要优点、缺陷及应当注意的问题

1）主要优点。高油酸 1 号油酸含达量 80%以上，品质好，生育期适中，冬发性强，产量高，抗倒抗病性强，含油量高。

2）缺陷。高油酸1号无明显缺陷。

3）应当注意的问题。在病虫害高发年份注意病虫害防治。

4）适宜种植区域。高油酸1号适宜在湖南省大面积推广。

5）栽培技术要点。适期播种：在湖南直播一般在9月下旬播种，每亩播种量0.2千克以内；育苗移栽在9月中旬播种，每亩播种量0.1千克。施肥：亩基施复合肥50千克，硼肥1千克，在苗期适当追施3～5千克氮肥。田间管理：播种和移栽后及时浇水，适时喷施除草剂，防苗期杂草，苗期注意防蚜虫和菜青虫。春后及时清沟排水，花期注意防菌核病，成熟时及时收割，机收最好先割倒再捡拾脱粒，及时干燥防霉变。

6）保持品种种性和种子生产的技术要点（杂交种含亲本）。①选择好隔离条件。亲本繁殖可采用纱网隔离或远距离自然隔离（1000米），种子生产一般采用远距离自然隔离，在自然隔离区内不种任何十字花科作物。②严格去杂去劣。亲本繁殖和种子生产在苗期根据其品种特性除去杂株，在开花期和成熟期各去杂株一次。③防止人工混杂。收获时要单收、单脱、单晒和单贮。④亲本繁殖在收获时进行优良单株选择，分株测定品质，选品质优的单株混合留作原种，用于繁殖下年亲本。⑤杂交种子生产时，把握好化学杀雄的时期、浓度和用量及喷施的均匀度。

2. 湘油708

（1）品种特征特性

湘油708植株生长习性半直立，叶中等绿色，无裂片，叶翅2～3对，叶缘弱，最大叶长35.4厘米（中），最大叶宽22.1厘米（中），叶柄长度中，刺毛无，叶弯曲程度弱，开花期中，花粉量多，主茎蜡粉多，植株花青苷显色弱，花瓣中等黄色，花瓣长度中，花瓣宽度中，花瓣相对位置侧叠。植株总长度173.2厘米（中），一次有效分枝数6.97个，单株果数237.18个，果身长度7.2厘米（中），果喙长度1.3厘米（中），角果姿态上举，籽粒黑褐色，千粒重3.6克（中）。该组合在湖南两年多点试验结果表明，湖南9月下旬播种，次年5月初成熟，全生育期224.5天左右。

种子中不含芥酸，含硫苷 20.75 微摩尔/克，含油 43.37%，油酸含量 82.3%，测试结果均符合国家标准。菌核病平均发病株率为 10.4%，抗菌核病；病毒病的平均发病株率为 2.8%，高抗病毒病。经转基因成分检测，不含任何转基因成分。

（2）两年多点试验表现

参见高油酸 1 号。

（3）品种简评

湘油 708 越冬期呈匍匐状，春季返青快，幼茎绿色，花黄色，叶深绿色。特征特性：株高 170.59 厘米，一次分枝数 6.97 个，单株总角数 237.18 个，角粒数 19.40 个，千粒重 3.32 克，不育株率 0.26%；生育期 224.5 天，比对照晚熟 0.5 天。产量表现：亩产 149.74 千克，居 12 个品种第六位，比对照增产 13.00%，达到极显著水平。抗性：菌核病病害率 15.56%，病害指数 10.00；病毒病未发病，抗倒伏。品质分析：种子芥酸含量 0.2%，商品籽硫苷含量 20.75 微摩尔/克，含油量 43.37%，品质符合油菜审定标准。

3. 湘杂油 991

（1）品种（含杂交种亲本）特征特性

1）杂交种亲本特征特性。①母本特征特性。母本 710：植株生长习性半直立，叶中等绿色，无裂片，叶翅 2～3 对，叶缘弱，最大叶长 34.7 厘米（中），最大叶宽 21.4 厘米（中），叶柄长度中，刺毛无，叶弯曲程度弱，开花期中，花粉量多，主茎蜡粉少，植株花青苷显色弱，花瓣中等黄色，花瓣长度中，花瓣宽度中，花瓣相对位置侧叠。植株总长度 169.5 厘米（中），一次分枝部位 68 厘米，一次有效分枝数 7.6 个，单株果数 194.55 个，果身长度 8.5 厘米（中），果喙长度 1.2 厘米（中），角果姿态上举，籽粒黑褐色，千粒重 3.95 克（中）。该组合在湖南两年多点试验结果表明，湖南 9 月下旬播种，次年 5 月初成熟，全生育期 224 天左右。②父本特征特性。父本 1035：植株生长习性半直立，叶中等绿色，无裂片，叶翅2～3对，叶缘弱，最大叶长37.7厘米（中），最大叶宽20.3厘米（中），叶柄长度中，刺毛无，叶弯曲程度弱，开花期中，花粉量多，主茎蜡粉极少，植株花青苷显色弱，花瓣中等黄色，花瓣长度中，花瓣宽度中，花瓣相对位置侧叠。植株总长度168.6厘米（中），一次有效分枝数7.42个，单株果数271.41个，果身长度8.3厘米（中），果喙长度1.3厘米（中），角果姿态上举，籽粒黑褐色，千粒重4.02克（中）。该组合在湖南两年多点试验结果表明，湖南9月下旬播种，次年5月初成熟，全生育期225天左右。

2）湘杂油991的特征特性。湘杂油991植株生长习性半直立，叶中等绿色，无裂片，叶翅2～3对，叶缘弱，最大叶长40.7厘米（中），最大叶宽25.3厘米（中），叶柄长度中，刺毛无，叶弯曲程度弱，开花期中，花粉量多，主茎蜡粉无或极少，植株花青苷显色弱，花瓣中等黄色，花瓣长度中，花瓣宽度中，花瓣相对位置侧叠。植株总长度175.5厘米（中），一次分枝部位68厘米，一次有效分枝数7.2个，单株果数248.71个，果身长度8.1厘米（中），果喙长度1.3厘米（中），角果姿态上举，籽粒黑褐色，千粒重3.81克（中）。该组合在湖南两年多点试验结果表明，湖南9月下旬播种，次年5月初成熟，全生育期225天左右。

种子不含芥酸，含硫苷20.17微摩尔/克，含油量48.42%，测试结果均符合国家标准。菌核病平均发病株率为8.5%，抗菌核病；病毒病的平均发病株率为1.25%，高抗病毒病。经转基因成分检测，不含任何转基因成分。

（2）两年多点试验表现

参见高油酸1号。

（3）品种简评

湘杂油991苗期长相稳健，返青快，幼茎绿色，花黄色，叶较大、深绿色。特征特性：株高175.5厘米，一次分枝数7.20个，单株总角数248.71个，角粒数22.5个，千粒重3.81克，不育株率2.8%；生育期

226天左右。产量表现：亩产163千克，居参试品种第一位，比对照约增产16%，达到极显著水平。抗性：菌核病病害率13%，病害指数8.6%；病毒病未发病，抗倒伏。品质分析：湘杂油991种子芥酸含量为0，商品籽硫苷含量20.17微摩尔/克，含油量48.42%，品质符合油菜审定标准，属于高含油量品种。

4. 湘杂油992

(1) 品种（含杂交种亲本）特征特性

1）杂交种亲本特征特性：①母本特征特性。母本708：植株生长习性半直立，叶中等绿色，无裂片，叶翅2～3对，叶缘弱，最大叶长35.4厘米（中），最大叶宽22.1厘米（中），叶柄长度中，刺毛无，叶弯曲程度弱，开花期中，花粉量多，主茎蜡粉多，植株花青苷显色弱，花瓣中等黄色，花瓣长度中，花瓣宽度中，花瓣相对位置侧叠。植株总长度173.2厘米（中），一次有效分枝数6.97个，单株果数237.18个，果身长度7.2厘米（中），果喙长度1.3厘米（中），角果姿态上举，籽粒黑褐色，千粒重3.6克（中）。该组合在湖南两年多点试验结果表明，湖南9月下旬播种，次年5月初成熟，全生育期224天左右。②父本特征特性。父本1035：植株生长习性半直立，叶中等绿色，无裂片，叶翅2～3对，叶缘弱，最大叶长37.7厘米（中），最大叶宽20.3厘米（中），叶柄长度中，刺毛无，叶弯曲程度弱，开花期中，花粉量多，主茎蜡粉极少，植株花青苷显色弱，花瓣中等黄色，花瓣长度中，花瓣宽度中，花瓣相对位置侧叠。植株总长度168.6厘米（中），一次有效分枝数7.42个，单株果数271.41个，果身长度8.3厘米（中），果喙长度1.3厘米（中），角果姿态上举，籽粒黑褐色，千粒重4.02克（中）。该组合在湖南两年多点试验结果表明，湖南9月下旬播种，次年5月初成熟，全生育期225天左右。

2）湘杂油992特征特性

湘杂油992植株生长习性半直立，叶中等绿色，无裂片，叶翅2～3对，叶缘弱，最大叶长41.4厘米（中），最大叶宽24.6厘米（中），叶柄长度中，刺毛无，叶弯曲程度弱，开花期中，花粉量多，主茎蜡粉少，植株花青苷显色弱，花瓣中等黄色，花瓣长度中，花瓣宽度宽，花瓣相对位置侧叠。植株总长度 172.1 厘米（中），一次分枝部位 69 厘米，一次有效分枝数 7.3 个，单株果数 270.55 个，果身长度 9.2 厘米（中），果喙长度 1.3 厘米（中），角果姿态上举，籽粒黑褐色，千粒重 3.85 克（中）。该组合在湖南两年多点试验结果表明，湖南 9 月下旬播种，次年 5 月初成熟，全生育期 226 天左右。

种子芥酸含量为 0，硫苷含量 20.82 微摩尔/克，含油量 42.28%，油酸含量 82.1%，测试结果均符合国家标准。菌核病平均发病株率为 11.2%，抗菌核病；病毒病的平均发病株率为 1.6%，高抗病毒病。经转基因成分检测，不含任何转基因成分。

（2）两年多点试验表现

参见高油酸 1 号。

（3）品种简评

湘杂油 992 苗期长相稳健，返青快，幼茎绿色，花黄色，叶较大、深绿色；特征特性：株高约 171.0 厘米，有效分枝部位 59.0 厘米左右，一次有效分枝数约 7.5 个，单株角果数约 265 个，千粒重约 3.9 克，单株产量约14 克。不育株率 0.56%；生育期约 226 天，比对照晚熟约 1 天。产量表现：亩产 160 千克左右，比对照约增产 15%，达到极显著水平。抗性：菌核病病害率 10%左右，病害指数 6.9；病毒病未发病，抗倒伏。品质分析：种子芥酸含量为 0，商品籽硫苷含量约 21 微摩尔/克，含油量 43.0%，品质符合油菜审定标准。

5. 小结

高油酸 1 号、湘油 708、湘杂油 991、湘杂油 992 都具有生育期适中，冬发性强及较好的抗倒抗病性的特点，适合在湖南省大面积秋播种植，且产量高，具有较高的栽培价值。不含芥酸、硫苷含量低、油酸含量在 80% 以上，品质好，榨出的油质地清亮，具有较高的食用价值和经济价值，对提高农民种植积极性有重要作用。

（三）浙油系列高油酸油菜

1. 浙油 80

浙油 80 由浙江省农业科学院和浙江农科粮油股份有限公司对引进的 187 材料进行诱变系选得到。

（1）产量表现

2012—2013 年度浙江省油菜区域试验平均亩产 197.2 千克，比对照浙双 72 减产 2.5%；亩产油量 92.2 千克，比对照增产 5.9%。2013—2014 年度浙江省油菜区域试验平均亩产 184.6 千克，比对照减产 5.0%；亩产油量 83.8 千克，比对照增产 2.2%。2 年平均亩产 190.9 千克，比对照减产 3.7%；亩产油量 88.0 千克，比对照增产 4.1%。2013—2014 年度省油菜生产试验平均亩产 185.4 千克，比对照减产 3.7%，亩产油量 83.76 千克，比对照增产 0.4%。

（2）特征特性

浙油 80 属甘蓝型常规种。株高 175.8 厘米，有效分枝部位 46.6 厘米，一次有效分枝数 8.4 个，二次有效分枝数 4.8 个，主花序长度 73.1 厘米，主花序有效角果数 80.2 个，单株有效角果数 512.5 个，每角粒数 24.2 粒，千粒重 3.6 克。全生育期 233.8 天。食用油芥酸含量 0.1%，硫苷含量 32.70 微摩尔/克，含油量 46.10%，油酸含量 84.3%。低感菌核病，低抗病毒病，抗寒性强，抗倒耐湿性好。第 1 生长周期亩产 197.2 千克，比对照浙双 72 减产 2.5%；第 2 生长周期亩产 184.6 千克，比对照浙双 72 减产 5.0%。

（3）栽培技术要点

1）适时早播：移栽油菜 9 月中下旬播种，10 月底至 11 月上旬移栽，秧龄 30～35 天。直播油菜 9 月中旬后越早播种产量越高，一般不超过 10 月底。

2）合理密植：移栽油菜一般每亩密度 6000～8000 株，直播油菜每亩留苗 2.0 万～2.5 万株，早播宜稀些，迟播宜密些。

3）科学用肥：该品种属多枝多粒中等粒重的品种，产量以角数和粒数取胜，要求重施基苗肥，增施磷钾肥，必须施硼肥。一般要求基苗肥占总施肥量的 60%，薹花肥占总施肥量的 40%。硼肥基施，一般每亩用量 1 千克。初花期每亩用磷酸二氢钾 150 克＋咪鲜胺或菌核净叶面喷施可起到防病和提高粒重的作用。

4）加强田间管理，做好病虫草害综合防治：苗期长势旺要及时做好间苗定苗工作，并做好蚜虫和菜青虫的防治，年后做好开沟排水，防渍害，花期做好蚜虫和菌核病防治。严禁割青，割青将严重影响产量和含油量，建议打堆后熟。

为保持其高品质，建议集中连片种植，防止生物学混杂。

（4）品种简评

浙油 80 熟期较晚，植株高，株型紧凑，角果与每角果粒数多，耐湿性和抗倒性较强，油酸含量高，含油量较高，品质优，抗病性略弱于对照，适于在浙江省油菜产区种植。

2. 浙油 20

浙油 20 由浙江省农业科学院作物与核技术利用研究所培育。

（1）产量表现

2004—2005 年度浙江省油菜区试平均亩产 136.7 千克，比对照浙双 72 增产 2.3%，未达显著水平；2005—2006 年度浙江省油菜区试平均亩产 147.4 千克，比对照增产 0.7%，未达显著水平；两年省区试平均亩产 142.0 千克，比对照增产 1.5%；两年省区试平均产油量 64.4 千克，比对照增产 8.2%。2006—2007 年度浙江省油菜生产试验平均亩产 162.0 千克，比对照增产 0.4%。

（2）特征特性

该品种全生育期 225.8 天，比对照浙双 72 短 1.1 天。株高 168.2 厘米，有效分枝部位 38.7 厘米，一次有效分枝数 9.4 个，二次有效分枝数

9.2个，主花序长53.8厘米，单株有效角果数501.7个，每角粒数22.8粒，千粒重3.47克。品质经农业农村部油料及制品质量监督检验测试中心2004—2005年检测，芥酸含量0.86%，硫苷含量25.11微摩尔/克，油酸含量约为80%，含油量45.42%。抗病性据浙江省农科院植微所2004—2005年接种鉴定，菌核病和病毒病株发病率分别为20.0%和33.0%，病情指数分别为7.8和13.0，均优于对照。

（3）栽培技术要点

重施基苗肥，注意施用硼肥，注意菌核病和病毒病的防治。

（4）品种简评

该品种属中熟甘蓝型油菜，熟期适中，植株中等偏高，角果多，每角粒数和千粒重中等，丰产性较好，含油量高，品质优，抗病性优于对照。适宜在浙江省油菜产区种植。

（四）其他高油酸油菜

由中国农业科学院油料作物研究所培育的“中油80”，属于甘蓝型半冬性中熟高油酸杂交种。苗期半直立，顶裂叶中等，叶中等绿色，蜡粉少，叶片长度短，裂叶深，叶脉明显。花瓣中等黄色，花瓣长度中等，呈侧叠状。种子黄褐色。全生育期209.45天。株高175.95厘米，分枝部位86.72厘米，一次有效分枝数平均6.2个，匀生分枝类型，单株有效角果数205.2个，每角粒数20.66粒，千粒重3.72克。硫苷含量18.53微摩尔/克，含油量44.70%。低抗菌核病，高抗病毒病，抗倒性强。第1生长周期亩产158.80千克，比对照华油杂12增产10.64%；第2生长周期亩产148.93千克，比对照华油杂12减产3.65%。

“华油2101”是华中农业大学傅廷栋院士团队中的周永明教授选育的高油酸油菜新品种，其种子的油酸含量达75%以上，含油率48.5%（干基），全生育期220天左右，耐菌核病，抗病毒病，抗倒性强。播种期为9月下旬至10月下旬。

2018年3月25日，由云南省农业技术推广总站主持，组织专家田间测产验收，认定“云油杂51号”（E07HO27）示范区最高亩产226.7千克，加权平均亩产203.6千克；油菜生育期为150天，折合高油酸油菜籽日均亩产量为1.36千克。专家组认为示范区高油酸杂交油菜种植，生产效率高，总体达到云南省内低海拔区、国内特早熟区高油酸油菜种植的领先水平，对边疆民族地区精准扶贫产业选择具有积极作用。

（五）油菜种子生产程序和方法

严格的种子生产程序是保证种子质量的重要技术环节，关键技术是优系选择，混系繁殖，严格控制种植环境。关键生育期严格去杂去劣，严格品质指标检测。

1. 原种生产

将育种者种子种在严格的隔离区内，按中上等水平进行田间管理，在生育期间进行3～4次去杂去劣，第一次去杂在苗期进行，根据子叶大小、细茎颜色、叶色叶形、生长习性、生长势头、病害情况等进行筛选。第二次去杂在蕾期进行，根据现蕾迟早、主茎色泽、叶形叶色、病害情况等进行去杂。第三次去杂在开花期进行，根据叶形叶色、花器形态、花色、病害情况等进行去杂。第四次去杂在成熟期进行，主要根据株高、分枝习性、角果形态、单株果数、病害情况等进行去杂去劣。为确保种子纯度，去杂去劣必须严格进行，收获后进行严格的芥酸、硫苷、含油量等品质指标的测定，符合标准即为原种。

2. 良种生产

良种生产应在隔离区内进行，采用屏障隔离辅以距离隔离（隔离距离500米以上），栽培水平应高于一般油菜，在生育期间进行2～3次去杂去劣，苗期和成熟期必须进行。收获前还应该去除病株和不良植株，种子充分成熟后收获，测定芥酸、硫苷、含油量，达到要求即为良种。

第三章 油菜的类别和分布

一、油菜的类别

油菜不像大豆、花生、亚麻等作物，在植物学分类上属于单一的物种。广义的油菜包括十字花科植物许多不同的物种。而一般通称的油菜属于十字花科芸薹属几个种的油用变种。目前我国栽培的油菜主要有甘蓝型油菜、白菜型油菜和芥菜型油菜。

（一）甘蓝型油菜

甘蓝型油菜在我国各油菜产区均有栽培，占油菜种植面积的95%以上。植株高大，分枝性中等，分枝较粗壮。根系发达，主根粗壮。基叶具琴形缺刻，薹茎叶半抱茎着生，叶色似甘蓝，叶肉组织较致密，呈蓝绿色或绿色，密被蜡粉或有少量蜡粉。幼苗真叶有的具刺毛，成长叶无刺毛。花瓣大，黄色，开花时花瓣侧叠。花序中间花蕾位置高于开放花朵。花药内向开裂或半转向开裂，且具有自交不亲和性，自交结实率一般在60%以上，异交结实率较低，一般为10%～20%，属常异交作物。角果较长，多与果轴垂直着生，也有斜生和垂生的，种子较大，千粒重3～4克，不具辛辣味。种皮多数为黑褐色，种皮表面网纹浅。种子含油量一般为35%～45%，高的达50%左右，种子蛋白质含量20%以上，强抗霜霉病、病毒病，耐寒、耐肥，适应性广，增产潜力大。

在当前生产上一般又将甘蓝型油菜品种分为以下几类：

（1）常规油菜。指原来生产上大面积种植的按常规育种方法育成的高芥酸、高硫苷油菜品种，如甘油5号、中油821、湘油10号、宁油7号等。

（2）优质油菜。该品种虽然是按常规育种法育成，但具有优良的品质特性。如“双低”油菜（湘油15号、中双4号、湘农油571等），单低油菜（中油低芥1号、中油低芥2号、中油低芥3号等），黄籽油菜（渝黄1号、华黄1号等）等。

（3）杂交油菜。该品种利用杂种第一代，包括质不育杂种（如秦油2号、华杂2号等）、核不育杂种、生态不育杂种、化学杀雄杂种、自交不亲和杂种等。如果杂种具有优良的品质特性，则叫优质杂交油菜（如湘杂油6号、华油杂6号、中油杂6号等）。

（二）白菜型油菜

白菜型油菜在我国一般俗称小油菜、矮油菜、甜油菜、花油菜等，植株一般比较矮小。上部茎叶无柄，叶基部全抱茎。花淡黄至深黄色，花瓣圆形，较大，开花时花瓣重叠或呈覆瓦状。花序中间花蕾位置低于开放花朵。花药外向开裂，并具自交不亲和性。自然异交率75%～95%，自交率低，属典型的异花授粉作物，角果较肥大，果喙显著，果柄与轴夹角中等，角果与果柄着生方向不一致。种子大小不一，千粒重3克左右，无辛辣味。种皮颜色有褐色、黄色或黄褐杂色等。种皮表面网纹较浅，种子含油量一般为35%～45%，高的达到50%左右，易感病毒病、霜霉病，产量较不稳定。

我国白菜型油菜又分为北方小油菜和南方油白菜两个变种。北方小油菜分布在我国西北、华北各省。植株矮小，分枝较少，茎秆较细弱，冬性品种主根膨大，基叶较小，无明显叶脉，叶片具琴形缺刻，多刺毛，被有薄蜡粉。南方油白菜分布在我国长江流域和南方各省，植株中等高，茎秆较粗壮，分枝性强，分枝部位较低，根系呈爪状，基叶发达，直立、半直立或匍匐生长，叶柄宽，中肋肥厚，叶柄两边多有裙边，全叶呈长椭圆形或卵圆形，全缘或有缺刻，叶肉组织疏松，叶片有少量刺毛或无刺毛，微被或不被蜡粉。

（三）芥菜型油菜

芥菜型油菜在我国一般俗称大油菜、高油菜、苦油菜、辣油菜等。主要分布在我国西北和西南各省。叶面一般皱缩，被有蜡粉或刺毛，叶缘有锯齿，薹茎叶不抱茎，有明显叶柄。花瓣窄小，开花时四瓣分离，花序中间花蕾位置高于开放花朵。花药内向开裂或半内向开裂，且具自交亲和性，自交结实率高达70%～80%，自交异交率一般在20%～30%，属常异交作物。角果较短小，果柄与果轴夹角小，种子较小，辛辣味较强。种皮表面网纹明显。种皮有黄、红、褐等色。种子含油量30%～35%，高的达到50%左右。主根较深，侧根较稀疏，抗旱，耐寒性强。

我国芥菜型油菜又分为大叶芥油菜和细叶芥油菜。大叶芥油菜主要分布在我国西北各省，植株高大，主根发达，分枝位较高，基叶大，叶色浓绿，叶肉组织肥厚，叶面有刺毛或有少量刺毛，叶全喙或裂叶。主花序明显，二次分枝多，分枝较粗壮。花色淡黄至深黄，着果较密。种子较圆，千粒重3克左右。细叶芥油菜主要分布在我国西南和长江中下游流域各省。植株较矮，分枝位较低，大分枝常与主茎高度相等，上部分枝纤细。基叶狭小，具长叶柄，叶色灰绿或紫色，叶面密被刺毛和蜡粉，裂叶或全缘叶。花淡黄色。着果较稀，种子较扁，千粒重2～3克。主根不甚发达，侧根较发达。

以上3种类型油菜的基叶、茎生叶和花序形成见图3-1。

二、我国油菜的分布

我国油菜种植区可分为春油菜区和冬油菜区两大区域，其分界线大致东起山海关，经长城西行，沿太行山南下至五台山，经陕北过黄河，越鄂尔多斯高原南部，自贺兰山东麓转向西南，经六盘山，再向西至白龙江上游，穿过横断山区，沿雅鲁藏布江下游转折至国境线。这条线以西以北为春油菜区，以东以南为冬油菜区。

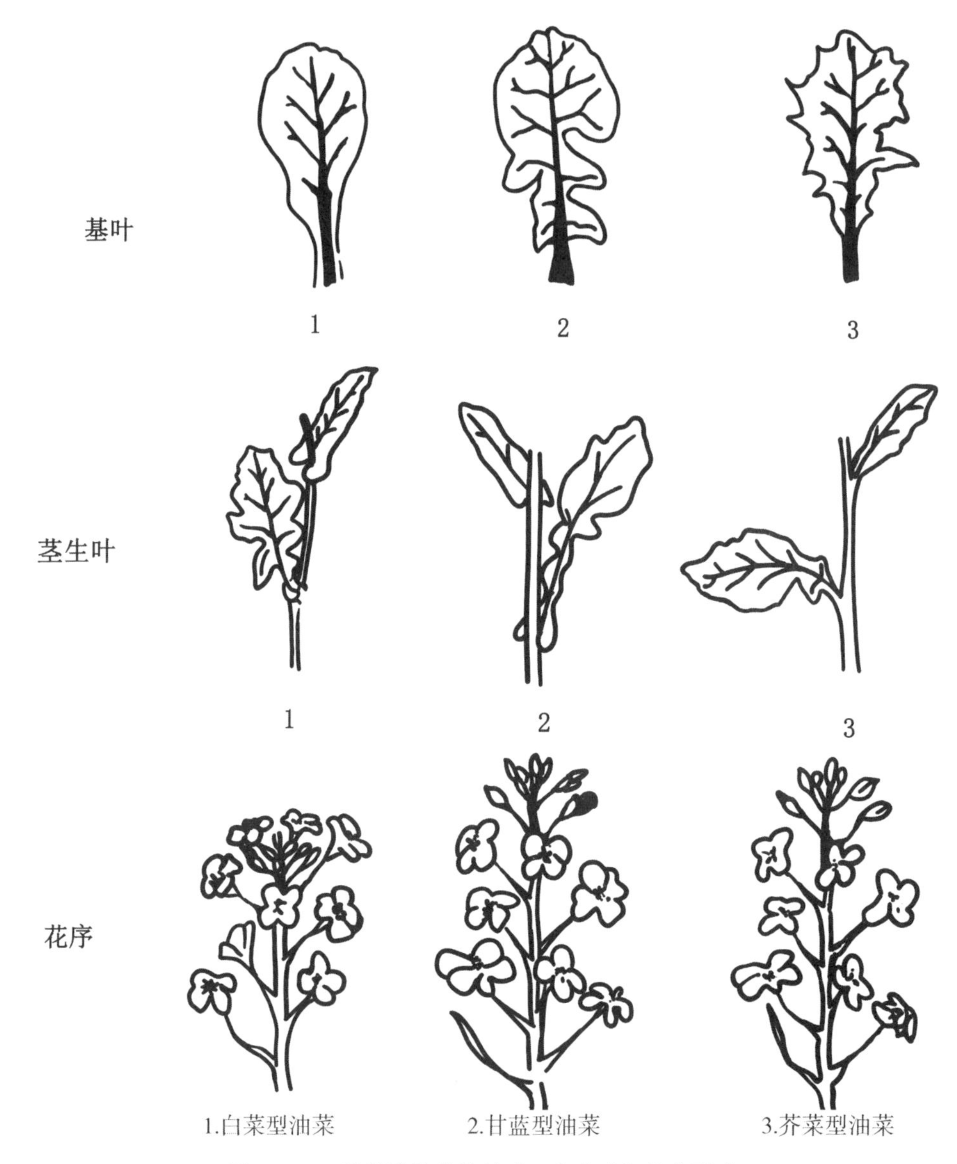

图 3-1　3 种类型油菜的基叶、茎生叶和花序形成

（一）春油菜区

春油菜区主要分布在青海、甘肃、内蒙古、新疆等省（区）。冬季严寒，1 月最低气温－10 ℃～20 ℃。生长季节短，降水量少，日照时间长且强度大，昼夜温差大。一年一熟，油菜生育期 90～120 天。春油菜面积占全国油菜总面积的10%左右。

1. 青藏高原亚区

本亚区主要分布在青海省和西藏自治区，四川西部阿坝、甘孜两州，甘肃省中部、南部及北部部分地区。本区海拔高，在2000米以上，年平均气温37 ℃，最暖月10 ℃～16 ℃，年降雨量100～500毫米，多集中在6—9月，日光充足，昼夜温差大，一年一熟，以种植白菜型小油菜和芥菜型大油菜为主。

2. 蒙新内陆亚区

本亚区包括新疆全部、甘肃河西走廊及西北地区，内蒙古、宁夏、山西部分地区等。本区属大陆性气候，冬温低，夏温高，地势一般在1000米左右，无霜期130～250天，年降雨量200毫米以上。油菜有春播或夏播，一年一熟，以芥菜型油菜、白菜型小油菜和早熟甘蓝型油菜为主。

3. 东北平原亚区

本亚区包括黑龙江、吉林、辽宁等省。地势平坦，土地肥沃，海拔50～200米，夏季气候温和湿润，年平均气温黑龙江南部为3 ℃，辽河平原为10 ℃，冬季严寒漫长，最冷月（1月）可达－16 ℃，最热月（7月）可达20 ℃以上，年降雨量400～1200毫米。一年两熟，油菜春、夏播种，以春性甘蓝型油菜为主。

（二）冬油菜区

冬油菜区集中在长江流域各省和云贵高原地区，气候温暖，雨量较多，为一年多熟区。主要种植甘蓝型油菜，秋播夏收，全生育期200多天。冬油菜区油菜面积占全国油菜总面积的90%以上。

1. 华北关中亚区

本亚区包括甘肃东南角，陕西秦岭以北，山西中南部，以及河南、河北、山东等省。一般为一年两熟。油菜产区年平均温度12.5 ℃，最冷月平均13 ℃，无霜期180～240天，年降雨量500～800毫米。油菜主要以偏冬性的甘蓝型油菜为主，有少量白菜型油菜。

2. 云贵高原亚区

本亚区主要分布在云南省和贵州省。海拔在1000米以上，1月平均气温在5 ℃以上，冬春干旱，年降雨量1000毫米左右，冬季温暖干燥，5—10月为雨季，11月至翌年4月为旱季，蒸发量大，一年两熟，油菜有白菜型、芥菜型和甘蓝型等。

3. 四川盆地亚区

本亚区包括四川、陕西汉中及临近部分地区。该地区土壤肥沃，气候温暖潮湿，年平均气温14 ℃，多数地区1月平均气温25 ℃，年降雨量1000～1200毫米（汉中地区仅600～800毫米）。日照相对偏少。一般以一年两熟为主。油菜以甘蓝型油菜为主，有少量白菜型油菜。

4. 长江中游亚区

本亚区主要包括湖南、湖北、江西以及河南、安徽部分地区。本地区土地肥沃，气候温和，雨量充沛，1月最低气温2 ℃～6 ℃，年降雨量可达1400～1600毫米，常有秋旱，但春季雨水较集中。秋季日照较强。主要为一年三熟。以甘蓝型油菜为主，有少量芥菜型油菜和白菜型油菜。

5. 长江下游亚区

本亚区包括上海、浙江、江苏以及安徽省东部地区。本地区气候温和，年平均气温16.5 ℃，1月平均气温2 ℃，年降雨量1000毫米以上。日照充足。土壤肥沃，水利条件好。一般为一年两熟。以甘蓝型油菜为主，仅安徽、浙江有部分白菜型油菜，油菜单产较高。

6. 华南沿海亚区

本亚区主要包括广东省、台湾地区、福建省、海南省、广西桂林以南地区。本地区气温高，雨量多，霜雪少，年均气温16.5 ℃，1月平均气温10 ℃以上，高的达21 ℃，年降雨量可达1500～2000毫米，日照充足。一般为一年三熟或多熟。油菜为早熟春性品种，生育期短，白菜型油菜和甘蓝型油菜均有栽培，但种植面积很小。

第四章 油菜的生长发育与产量形成

一、油菜的生长发育及对环境条件的要求

油菜有其本身的生长发育规律，同时对环境条件有一定要求。我们栽培油菜就是要根据这些规律和要求，采取恰当的农业技术措施，充分发挥其增产潜力。

油菜从播种到成熟，共经历 5 个生长发育阶段：发芽出苗期、苗期、蕾薹期、开花期和角果成熟期。现以长江中游地区甘蓝型冬油菜中熟品种和北方甘蓝型春油菜中熟品种为例，说明其生长发育过程（图 4－1、图 4－2）。

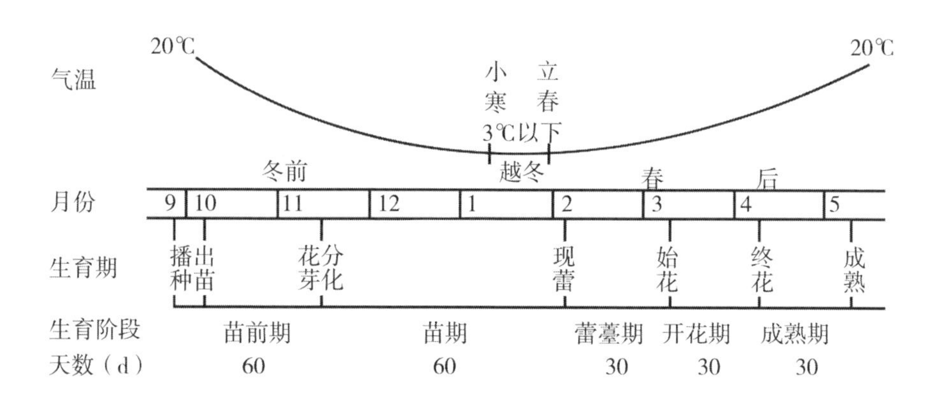

图 4－1 长江中游地区甘蓝型冬油菜中熟品种的生长发育过程

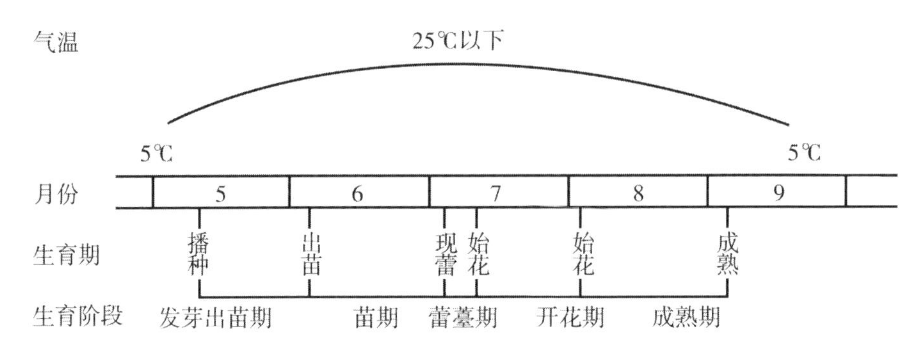

图 4-2　北方甘蓝型春油菜中熟品种的生长发育过程

（一）发芽出苗期

油菜种子无休眠期，成熟种子播种后遇适宜条件即可发芽。油菜种子的发芽和出苗一般要经过以下 4 个阶段：吸水阶段——出芽阶段——幼根活动阶段——子叶展开阶段。油菜种子发芽率与种子收获后干燥时的温度和贮藏条件有关。高含水量种子在过高温度下干燥会使种子受到伤害，从而失去生命力，当种子含水量超过 30%时，只能在 40 ℃以下的温度进行干燥。充分干燥的种子在密封条件下贮藏，种子生命力可保持 5 年以上。通常用布袋贮藏的种子的发芽率会逐年降低，因此，一般冬油菜采用当年种子播种，春油菜采用头年种子播种。在种子发芽过程中，过氧化氢酶和脂肪酶活性不断增强，呼吸作用增强，贮藏物质转移供胚根、胚茎生长。

油菜出苗期对外界环境条件的要求：

1. 水分

水分是种子萌发的首要条件。当种子细胞内自由水达到一定量时，才有可能使种子中部分贮藏物质变为溶胶，同时使酶的活性增强，并起到催化作用。油菜种子在吸水开始后的 1 小时内变化最为迅速，以后有所减慢。种子吸水速度与温度升高呈正相关。此外，不同品种种子吸水速度也有差异，一般吸水快的品种蛋白质含量较高。油菜在发芽出苗期要求的土壤水分应为田间最大持水量的 60%～70%，故播种时必须保证土壤有足够的水分。

2. 温度

油菜种子萌发的最适宜温度为 25 ℃，最低为 3 ℃～4 ℃，最高为 36 ℃～37 ℃。不同品种的种子在不同温度条件下，其萌发速度和发芽率有较大差异。通常在田间土壤水分适宜条件下，当日气温在 16 ℃～20 ℃时，播后 3～5 天即可出苗；12 ℃左右时需 7～8 天出苗；8 ℃左右时 10 天以上出苗；日平均气温降至 5 ℃以下，虽可萌动，但根芽生长速度极为缓慢，出苗需 20 天以上。所以冬油菜秋播过迟、春油菜春播过早，出苗都很慢。

3. 氧气

油菜种子发芽需要一定量的氧气，风干的油菜种子由于含水量在 10%以下，且主要以束缚水形式存在，呼吸作用微弱，需氧量很少，种子吸水 4 小时后，其含水量增加，需氧量也增加，如果缺氧，即使温度适宜，也不能发芽。

4. pH 值

pH 值即土壤酸碱度，一般在偏酸性、pH 值 5～6 时，种子萌发速度快，发芽率高。

（二）苗期

油菜从出苗至现苗称为苗期。油菜在苗期主根下扎，并形成侧根和细根。油菜苗期主茎一般不伸长或略有伸长，且茎部着生的叶片节距很短，整个株型呈莲座状。冬油菜苗期较长，一般占全生育期的一半或一半以上，为 120 多天。春油菜苗期短，一般只有 25～30 天。油菜苗期通常又分为苗前期和苗后期，即出苗至花芽分化为苗前期，花芽分化至现蕾为苗后期。苗前期全为营养生长，苗后期除营养生长外，还进行生殖生长。甘蓝型冬油菜到苗后期主根膨大，贮藏养料。油菜主茎各节是在苗前期陆续分化形成的，当茎端开始花芽分化后，则主茎节的分化停止。每个主茎节上有片叶，每片叶的叶腋有一个腋芽。油菜除主茎最下部几个节的腋芽不活动外，其他各节腋芽由下而上依次活动，最后形成第一次分枝。冬油菜苗期主茎一般不伸长，只有在种植密度过大，或春性品种在早播情况下，主茎才略有伸长。油菜在苗前期分化的叶片基本上是长柄叶，只有苗后期才开始伸出短柄叶。长柄叶是一组很重要的叶片，它的作用和影响贯穿油菜一生。

油菜在苗后期开始花芽分化。未花芽分化的油菜生长点很小，略呈半球形，表面光滑，基部分化出互生的叶原基。从开始花芽分化到形成一个花蕾需经过以下 5 个阶段：花蕾原始体形成阶段—花萼形成阶段—雌、雄蕊形成阶段—花瓣形成阶段—胚珠花粉形成阶段。甘蓝型冬油菜在长江中游地区前四个阶段经历的天数分别为 15 天、10 天、16 天、12 天，在开始花芽分化后 53 天进入胚珠花粉形成阶段。

油菜苗期对外界环境条件的要求：

1. 温度

油菜苗期生长的适宜温度为 10 ℃～20 ℃，温度较高则叶片分化快，出叶较多。冬油菜苗后期正处于越冬时节，常遇低温而引起冻害。油菜苗期耐寒力较强，一般遇 0 ℃以下低温不致遭受冻害。由于油菜是否受冻取决于品种特性、耐寒程度、寒流的强度和持续时间的长短，以及栽培技术的优劣等条件，各地遭受冻害的气象条件不可能一致。

2. 光照

油菜苗期需要充足的光照条件，这样有利于进行光合作用，累积较多养料。光照长度对油菜营养器官的生长有影响。每日光照时间长，叶片出生速度快。光照长度对根系生长也有影响。光照长短还影响花芽分化迟早，光照时间长则花芽分化早。此外，光照时间长，叶片叶绿素含量高。

3. 水分

油菜苗期虽然植株较小，外界气温较低，耗水强度不大，但若水分亏缺，则不利于有机物的制造和累积，苗期出叶少，影响生长发育。单株绿叶数和叶面积均以土壤湿度大的为多，这说明土壤湿度对油菜营养生长影响很大。南方冬油菜区苗期常遇秋冬干旱，往往因水和养分供应不足发生红叶和早花现象。油菜苗期适宜的土壤湿度一般不应低于田间最大持水量的 70%。

（三）蕾薹期

油菜从现蕾至始花称为蕾薹期。所谓现蕾是指揭开主茎顶端 12 片小叶至能见到明显花蕾的时期。油菜一般是先现蕾后抽薹，但有些品种，或在一定的栽培条件下，油菜先抽薹后现蕾，或现蕾、抽薹同时进行。油菜在蕾薹期营养生长和生殖生长同时进行，在长江流域甘蓝型冬油菜蕾薹期一般为 25～30 天，而在北方春油菜蕾薹期很短，一般仅 7～8 天。油菜在现蕾后，随着气温的上升，主茎和主花序依次伸长。伸长的速度都是由慢到快，再转慢。伸长最快阶段一天可伸长 5 厘米左右。随着主花序的伸长，分枝开始生长，第一次分枝是由下而上依次出现的。油菜主茎下部各节一般不形成分枝，仅在中上部节形成第一次分枝。在蕾薹期主茎各叶全部出完，此时的功能叶是长柄叶和短柄叶，但短柄叶的功能逐渐加强，表现在叶面积、干重、蛋白质和糖分含量几个方面均增加。因此，在培育壮苗的基础上，加强蕾薹期的管理，才能充分发挥长柄叶，特别是短柄叶的生理作用。油菜早期分化的花芽经过一段时间分化，在蕾薹期进入雌蕊胚珠分化期，因此，蕾薹期是前期分化花芽的胚珠分化期，是决定每果粒数的重要时期。

油菜蕾薹期对外界环境条件的要求：

1. 温度

冬油菜一般在开春后气温稳定在 5 ℃以上现蕾，现蕾后即可抽薹。若气温在 10 ℃以上则可迅速抽薹。油菜进入蕾薹期后抗寒力大大减弱，若遇 0 ℃以下低温就有受冻的危险。薹受冻后，初呈黄色，继而枯死。薹受冻部分初呈水渍状，嫩茎部受冻弯曲下垂，继而受冻部位表皮破裂，严重者茎秆开裂。下垂的嫩薹轻者可恢复生长，重者折断枯死。

2. 光照

蕾薹期充足的光照十分重要。稀植通风透光好，并且肥水充足时，油菜中下部的腋芽可发育成有效分枝。如果光照不足，种植密度又大，则仅上部几个腋芽发育成有效分枝。油菜进入蕾薹期后，叶片光合强度提高，这时光照充足，对光合作用有利。

3. 水分

油菜在蕾薹期由于气温升高，主茎节间伸长，叶面积扩大，蒸腾作用增强，必须有充足的水分。农谚有“若要油，二月沟水流”的说法。蕾薹期田间最大持水量需达到80%左右才能满足油菜的生长需要，否则主茎变短，叶片变小，幼蕾脱落，产量不高。但水分过多，又加上偏施氮肥，则容易引起徒长、贪青倒伏和招致病害。

（四）开花期

油菜从始花到终花称为开花期。油菜开花期是营养生长和生殖生长都很旺盛的时期。油菜开花期一般 20～40 天。开花时间为每天上午 7—12 时，以 10 时以后开花最多，展开的花瓣经过 24 小时左右逐渐萎缩脱落。油菜开花后，成熟的花粉粒借助昆虫或风力传播，黏附在柱头上授粉。授粉后 18～24 小时即可受精，完成受精过程。油菜花粉的生命力在田间条件下仅 1 天左右；雌花接受花粉的有效时间为 7 天左右，以开花后 3 天受精能力最强。油菜在开花期授粉充分，受精过程完成得好，则结实好，产量也高。所以开花期是油菜每角结籽数的决定期。油菜在开花期，根、茎、叶等营养器官也旺盛生长。从始花到盛花，根系生长很快，特别是支根数的增长最为迅速，直到盛花后期根的生长达最大值，密布整个耕作层内，此后根系活力逐渐下降。在始花期油菜主茎高度和粗度基本定型，在花期主要是茎干重增加，组织充实，贮存养料。油菜花期分枝也迅速伸长。这时除短柄叶继续行使功能外，主要功能叶为无柄叶，包括主茎上和分枝上的无柄叶。油菜盛花期的叶面积达一生叶面积最大值，叶面积指数一般为 4～5，光合作用也最为旺盛。

油菜开花期对外界环境条件的要求：

1. 温度

油菜开花的温度范围为 12 ℃～20 ℃，最适宜温度为 14 ℃～18 ℃。

当天开花多少与开花前1～2天温度高低有关。气温降至10 ℃以下开花数显著减少，至5 ℃以下多不能开花，至0 ℃或0 ℃以下，正开放的花朵大量脱落，幼蕾黄化，且出现分段结实现象。当气温高达25 ℃时仍能正常开花，但至30 ℃以上，虽可开花，但所开花朵结实不良。

2. 相对湿度

油菜开花时空气相对湿度以70%～80%为宜，如果相对湿度低于60%或高于94%都不利于开花。相对湿度越高，则结实率愈低，每果粒数少。高湿度影响结实率，且与降雨时间有关，当上午9—11时油菜花盛开时降雨，将影响结实。

3. 土壤水分

油菜开花期营养生长和生殖生长都很旺盛，加上气温升高，耗水强度显著增大，这是油菜一生中对水分反应很敏感的临界期。如果缺水，油菜生长受到抑制，绿色面积减少，有机物质积累少，甚至开花提早结束，花序缩短，出现早衰或花蕾大量脱落，有效角果少。油菜花期土壤湿度以田间最大持水量的85%左右对结实最有利。

（五）角果成熟期

油菜从终花至成熟为角果发育期。油菜终花后，子房膨大形成角果，同时体内营养物质向角果种子内运输和贮藏，直到完全成熟为止。油菜角果发育有一定顺序，一般先开放的花朵角果先发育。每一角果发育的顺序是：先沿纵向伸长，伸长到一定程度后，再横向膨大。在油菜角果发育的同时，种子也进行发育，一般过程是：受精卵细胞增殖阶段—种胚发育阶段—种胚充实阶段。到开花后33天，子叶和胚根紧密相接，种子内部几乎全为种胚占据。随着种子的形成，其干重和油分也逐渐积累，一般种子干重和油分在开花后30～45天达最大值（图4-3）。油分的积累过程是：先形成各种不同的脂肪酸，不同的脂肪酸再与甘油结合形成甘油三酯，即油脂。油脂为较稳定的液体物质。

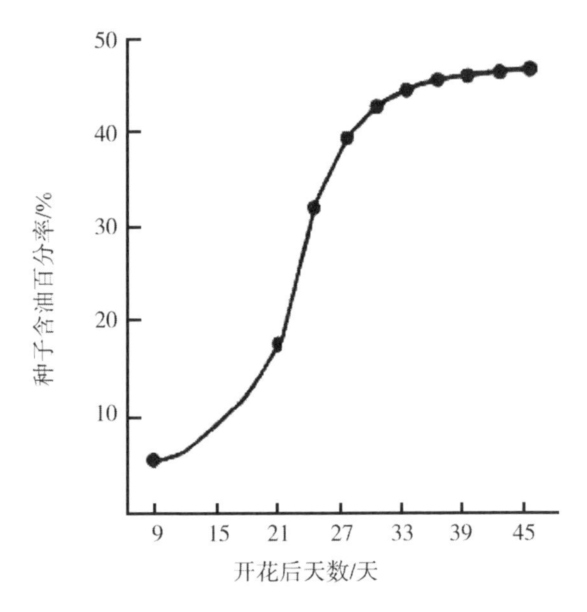

图 4-3 油菜种子干重和油分累积

油菜角果发育期对外界环境条件的要求：

1. 温度

油菜角果发育期需 15 ℃～20 ℃才有利于干物质和油分累积，温度过高往往造成高温逼熟，对产量品质形成不利。但温度过低对成熟也不利，若成长时遇霜冻，产量、品质均差，昼夜温差大，则有利于干物质和油分累积。

2. 光照

油菜角果发育期需充足的光照，才有利于胚珠的发育和后期光合作用、干物质和油分累积。若角果发育期光照强，昼夜温差大，则种子千粒重和含油量均高。

3. 水分

油菜终花后，植株趋于自然衰老，蒸腾作用减退，但此时角果皮仍旺盛地进行光合作用，茎、叶、角果皮的光合产物向角果内种子运转。因此，土壤湿度不能太低，一般以土壤含水量低于田间最大持水量的 60%为宜。水分含量过低会使秕粒率增加，粒重和种子含油量降低。水分过高又常使油菜植株贪青，延迟成熟。严重渍水则导致根系早衰，形成大量空粒和引起病害。

二、油菜的发育特性

所谓发育是指植物通过一系列质变后，产生与其相似个体的现象，发育的结果产生新的器官——花、果实、种子等。它与生长的概念不同，生长只是植物直接产生与其相似器官的现象，生长的结果引起体积和重量的增加。发育必须在一定的营养生长之后进行。因此，发育与生长既有区别，又有联系，并且互相促进和互相制约。比较直观地说，作物发育的迟早会导致作物生育期的长短不同，而生育期的长短又影响作物产量的形成。

决定作物能否正常发育和发育的迟早主要与作物的感温性和感光性，即光温生态特性有关。作物的光温生态特性是作物长期适应一定的生态条件而形成的。不同地区品种由于所处生态条件的不同，因此，其光温生态特性也不同。

（一）油菜的感温性

油菜一生中必须通过一个较低的温度条件才能进行花芽分化（花芽分化是通过低温的标志），否则将长期停留在苗期阶段。但不同品种类型对温度条件的要求各有不同，因此，形成了冬性类型、半冬性类型和春性类型。

1. 冬性类型

一般为晚熟品种。这类油菜对低温要求严格，一般需 0 ℃～5 ℃的温度、30～40 天。如我国胜利油菜，在 3 ℃下处理 28 天，提早成熟的效果最显著。又如 Opooyehko 的研究，俄罗斯的甘蓝型冬油菜需 8 ℃以下低温 45～65 天，才能进入生殖生长。如果不能满足 8 ℃以下低温，即使在昼夜光照条件下处理几个月，也不会发育，以至于在 3 年内都停留在苗期阶段，茎高达 222 厘米，先后出叶 158 片，植株上经常保持的绿叶有 7～8 片。

2. 半冬性类型

一般为中熟和中晚熟品种。这类油菜虽然要求一定的低温条件，但对低温的要求不严格，一般需 5 ℃～15 ℃、20～30 天才能花芽分化。据我们研究，矮架早油菜 3 月 11 日播种的，出苗至花芽分化时间最短，为 25 天，它所经历的日平均气温为 13.3 ℃。

3. 春性类型

一般为极早熟、早熟和部分早中熟品种。其特点是种子萌发到花芽分化可以在较高温度下进行。一般为 15 ℃～20 ℃，15～20 天开始花芽分化。如据中国农科院油料所在北京郊区夏播，在 12 ℃～20 ℃条件下，甘蓝型油菜早熟品种经过 17～40 天即可现蕾，而晚熟品种始终停留在营养生长阶段，不进入生殖生长。又如我们的研究，早熟品种泸州 5 号 5 月 11 日播种的，出苗至花芽分化时间最短为 17 天，它所经历的日平均气温为 23.3 ℃。

（二）油菜的感光性

油菜发育要求长光照，只有在满足其对长光照的要求后才能现蕾（现蕾是通过长光照的标志）。每天光照在 12 小时以上能促进现蕾开花，在 12 小时以下则延迟现蕾开花。据我们的研究，春油菜为对长光照敏感类型。而冬油菜无论是春性、半冬性和冬性品种均为对长光照弱敏感类型（表 4－1）。

表 4－1　　不同油菜品种在异地播种条件下生育期的变化

类型	品种	长沙秋播（月/日）			昆明夏播（月/日）		
		播种	现蕾	成熟迟早	播种	现蕾	成熟迟早
春油菜(春性)	齐菲	10 月 10 日	2 月 12 日	迟	6 月 1 日	7 月 5 日	最早
冬油菜(春性)	泸州 5 号	10 月 10 日	1 月 4 日	早	6 月 1 日	7 月 3 日	早
冬油菜（半冬性）	矮架早	10 月 10 日	2 月 1 日	中	6 月 1 日	7 月 18 日	中
冬油菜(冬性)	胜利油菜	10 月 10 日	2 月 14 日	最迟	6 月 1 日	未	迟

注：长沙秋播油菜现蕾前经历的日长为 11 小时左右；昆明夏播油菜经历的日长为 14.5 小时左右。

（三）油菜感温和感光的敏感时期

1. 感温敏感期

很多研究表明，油菜属绿体春化型，即在幼苗生长期间感受低温对促进发育最有效。据我们的研究，对不同种性、不同叶龄期油菜，进行6 ℃以下低温处理30天，它们的幼苗花芽分化期均有提早，偏冬性冬油菜和半冬性冬油菜品种以7～8叶和9～10叶幼苗对低温最敏感；春油菜品种以7～8叶幼苗对低温最敏感。油菜通过感温诱导后主茎略有伸长，叶片由匍匐变为半直立或直立，叶色稍淡，茎尖赤霉素含量达一生最大值。

2. 感光敏感期

为弄清油菜品种感光敏感时期，我们将不同种性油菜品种于10月5日播种，在14.5小时的长日照条件下，分别处理至2叶期、4叶期、6叶期、8叶期、10叶期、12叶期、14叶期、16叶期，然后在自然光照下生长。并以同日播种在自然光照下生长的植株作对照。研究结果表明，偏冬性和半冬性冬油菜以11～12叶期对长光照最敏感，春性冬油菜和春油菜以9～10叶期对长光照最敏感。由此可见，油菜感光敏感期均在感温敏感期之后。

研究表明，我国不同产区甘蓝型油菜代表品种对低温的感应性可分为冬性、半冬性和春性三类。冬油菜中冬性、半冬性和春性三类都有，而春油菜仅有春性类型。我国不同产区甘蓝型油菜代表品种对长光照的感应性可分为强感光和弱感光两大类。冬油菜均为弱感光，春油菜均为强感光。为此可将我国甘蓝型油菜品种光温生态类型分为四类，即冬性弱感光类型、半冬性弱感光类型、春性弱感光类型、春性强感光类型（表4-2）。

表 4－2　　我国甘蓝型油菜的光温生态类型

类型	感温性	感光性	代表品种
冬油菜	冬性	弱感光	跃进、胜利
	半冬性	弱感光	宁油 7 号、甘油 5 号、矮架早、湘油 15 号
	春性	弱感光	云油 31 号、泸州 5 号
春油菜	春性	强感光	奥罗、维斯塔

3. 我国甘蓝型油菜光温生态类型的分布

（1）冬性弱感光型（冬油菜）

冬性弱感光型（冬油菜）分布在我国中北部，即北纬 33°～40°，东经 105°～125°的区域。包括河南、河北、山东、山西、陕西、辽宁南部、江苏北部和安徽北部等地。这些地区属温带湿润大陆性气候，最冷月（1 月）平均气温－8 ℃～－2 ℃，最热月（7 月）平均气温 20 ℃～28 ℃，油菜花前经历的平均日长为 10 小时 30 分左右。

（2）半冬性弱感光型（冬油菜）

半冬性弱感光型（冬油菜）分布在我国西南和长江中下游流域等地，即北纬 25°～33°，东经 100°～125°的区域。包括云南、贵州、四川、湖南、湖北、江西、安徽、江苏、浙江、上海、福建北部等地，这些地区属温带湿润大陆性气候，最冷月（1 月）平均气温 1 ℃～10 ℃，最热月（7 月）平均气温 20 ℃～28 ℃，油菜花前所经历的平均日长接近 11 小时。

（3）春性弱感光类型（冬油菜）

春性弱感光类型（冬油菜）分布在我国华南沿海和西南部分地区，即北纬 18°～25°，东经 98°～125°的区域。包括广东、广西、福建南部、云南南部、贵州南部。这些地区属亚热带湿润性气候，最冷月（1 月）平均气温 10 ℃～20 ℃，最热月（7 月）平均气温 20 ℃～28 ℃，油菜花前经历的平均日长接近 11 小时左右。

(4) 春性强感光类型(春油菜)

春性强感光类型(春油菜)分布在我国西北部和东北部,即北纬35°~50°,东经73°~135°的区域。包括新疆、青海、甘肃、陕西北部、河北北部、内蒙古、辽宁、吉林、黑龙江。这里气温高于10 ℃以上的日数达100多天,油菜花前经历的平均日长为14小时以上。

以上仅说明不同地带最适宜种植的油菜品种,但不排除春性冬油菜品种分布地区存在半冬性品种,半冬性冬油菜品种分布地区存在冬性品种和春性品种,冬性油菜品种分布地区也存在半冬性品种的情况。我国西北部和东北部虽然分布有感光性较强的春油菜品种,但也存在感光性弱的春油菜品种。

(四) 油菜感光性和感温性的应用

1. 在引种上的应用

引入品种能否适应当地的自然气候条件,与品种的感光性和感温性关系极大。如我国北方冬油菜冬性强,引到南方种植,发育晚,成熟迟。冬性强的油菜在广东省不能抽薹开花。西南地区冬油菜品种春性强,发育快,向北向东引种,秋播过早有早薹、早花现象。这是由品种的感温性不同造成的。根据我国现有资料,冬油菜主产区长江中、下游各省的中熟品种可相互引种,而华南、西南、西北春性较强的品种则不宜在该区种植。西南地区半冬性品种可引入长江中、下游各省栽培。西南地区春性品种可引入华南各省栽培。加拿大甘蓝型春油菜和欧洲甘蓝型春油菜引入我国长江流域秋播生育期较长,生长发育慢,主要是由于这些品种感光性较强,而在长江中、下游各省光照长度不能满足其对光周期的需要。但其中有些品种在生育期上基本能适应在长江中、下游各省种植。

2. 在育种上的应用

在杂交组合选配上要考虑品种的温光生态特性,如冬油菜早×早、早×中,F_1偏早熟,F_2一般出现接近较早熟亲本的后代,个别组合可出现超早熟的后代,但春性强,经济性状得不到显著改善。早×晚、中×晚和晚×晚，F_1 偏晚熟，F_2 一般出现晚熟后代较多。很多研究还指出，甘蓝型油菜春性品种与冬性品种杂交，春性对冬性为显性。甘蓝型油菜种性受两对基因控制，白菜型油菜种性受一对基因控制。根据我们的研究，春油菜（强感光）与冬油菜（弱感光）正反交，杂种一代对长光照的感应性主要受母本影响。在油菜育种中夏繁加代要考虑品种的光温生态特性，如冬性强的油菜品种和组合夏繁时长期停留在苗期阶段，不宜带去夏繁。

3. 在品种布局和栽培上的应用

在长江中、下游地区二熟、三熟制茬口则可采用苗期生长较慢的冬性品种。在播种期选择上，由于春性品种早播后会出现早薹、早花，易遭冻害，故应适当迟播；而冬性较强的品种苗期生长慢，发育迟，为促进苗期生长，则应适当早播。此外，春性较强的早熟品种生长发育快，田间管理应适当提早进行，以保证生长营养，实现高产。

三、油菜的产量形成和高产途径

作物的产量形成过程，是作物栽培研究的重要内容之一。人们只有在掌握作物产量形成客观规律的基础上，才能积极主动地采取各项农业技术措施，夺取高产。

（一）油菜产量构成因素

油菜的产量构成因素，即单位面积上角果数、每果粒数和粒重。它们之间的积就是油菜的单位面积产量。即：

$$油菜亩产量（千克）=每亩角果数\times每果粒数\times\frac{千粒重（克）}{1000（克）\times1000}$$

在油菜构成的三个因素中，对产量影响最大的是单位面积上角果数（表 4－3），因为它的变异范围最大，在不同栽培条件下差别较大，而每果粒数和粒重则变异较小，在不同栽培条件下其变异范围较小。因此，油菜单位面积上角果数与单位面积产量之间便形成一定比例关系，基本上是 1 万个角果，可获得 0.5 千克种子。

单位面积上角果数对产量影响最大，也是栽培中的主要矛盾。但每果粒数和粒重也有一定变幅，在栽培上也必须使两者达到较大的数值。特别是在亩产更高的情况下，单位面积上角果数达到一定水平，则每果粒数和粒重也不可忽视。

根据我们2000年对湘杂油1号亩产200千克以上的88个丘块产量结构的调查（表4-4），同样可以看出，每亩角果数，特别是每亩果粒数对油菜单位面积产量提高影响很大。若当前油菜亩产欲达250千克以上，每亩需有效角果460万个，每亩需籽粒9000万粒以上。

表4-3　　湘油2号在不同产量等级下的产量构成因素和变幅

每亩产量/千克	实际每亩产量/千克	每亩角果数/万个	每果粒数/粒	千粒重/克
50以下	38.2	95.7	18.5	3.1
50.1～100	88.1	189.9	20.3	3.2
100.1～150	126.7	342.6	19.9	3.5
150.1～200	193.0	415.8	22.0	3.5

表4-4　　湘杂油1号油菜不同产量水平的产量结构

每亩产量变幅/千克	株高/厘米	单株一次分枝数/个	单株角果数/个	每角果粒数/粒	每亩株数/株	每亩角果数/万个	每亩籽粒数/万粒
200～210	180.0	9.8	487.3	19.7	6937	333.8	6660.6
211～220	190.1	10.6	539.0	20.1	6690	360.5	7246.1
221～230	189.3	9.6	565.2	20.0	6802	385.2	7708.0
231～240	191.0	9.8	558.3	20.4	7332	409.2	8355.2
241～250	197.2	11.0	671.4	20.4	6633	445.3	9084.1
251～260	193.8	10.4	642.1	20.1	7156	459.5	9236.0
261～270	198.0	10.8	702.5	23.0	5997	421.3	9689.9

（二）甘蓝型冬油菜产量形成过程

1. 单位面积上角果数的形成

油菜单位面积上角果数等于单位面积上株数和单株角果数的乘积。因此，欲增加单位面积上角果数，必须增加单位面积上株数和单株角果数。

（1）增加单位面积上株数，即增加种植密度

增加种植密度是有限的，并不是密度越大，产量越高。从我们对有关密度试验资料进行统计，计算种植密度与产量之间的线性回归关系（$y=\alpha+bx$）可以看出，当每亩密度在1万株以内时，密度与产量的回归系数为198.5～253.0，说明油菜产量随密度增大而大幅度提高；当每亩密度在1万～2万株时，密度与产量的回归系数为18.2～65.0，说明密度继续增大，产量提高的幅度变小；当每亩密度在2万株以上时，密度与产量的回归系数出现负值，为－36.7～－18.1，说明密度过度增大，产量不但不能增加，反而降低。

以上研究结果说明，在现有品种和栽培条件下，油菜种植密度在每亩2万～3万株范围内，随着密度增大而产量提高。因为在这种情况下，油菜能充分利用阳光和地力，个体和群体生长也比较协调。而在过度密植情况下产量之所以降低，主要是由于群体矛盾加大，个体生长太差，表现为单株分枝少，花序短，角果数少，致使单位面积上角果数也少。

（2）增加单株角果数

尽管油菜单位面积上角果数受种植密度影响较大，但是在一定种植密度下，单株角果数仍有很大差异，这主要是受其他栽培技术措施的影响，这也说明增加单株角果数是可能的。油菜单株角果数是由主花序上角果数、第一次分枝花序上角果数和第二次分枝花序上角果数组成的。油菜在每1万株左右的密度下，第一次分枝花序角果数占70%左右，对产量形成起主要作用，因此这里着重分析如何增加第一次分枝花序角果数。

第一次分枝花序角果数＝第一次有效分枝数×平均每个分枝花序角果数

可以看出，欲增加第二次分枝花序角果数，主要是增加第一次有效分枝数和每个分枝花序角果数。

1）增加第一次有效分枝数。油菜的第一次分枝由主茎各叶的腋芽发育而成。主茎总叶数（即主茎总节数）愈多，则形成第一次分枝的可能性就愈多，但具体形成多少分枝还与成枝率有关。

油菜单株第一次有效分枝数＝主茎总叶数×成枝率

增加主茎总叶数（或主茎总节数）：油菜主茎总叶数受品种和栽培条件影响很大，少则几片，多则可达几十片。油菜主茎总叶数是在主花序花芽分化前分化形成的，油菜主花序一旦花芽分化，则主茎叶片分化即告结束。因此，主茎总叶数多少，主要取决于出苗至花芽分化始期的天数（即主茎叶片分化的持续天数）和平均每分化一片叶所需的天数。即

$$\text{主茎总叶数}=\frac{\text{出苗至花芽分化始期的天数（即主茎叶片分化的持续天数）}}{\text{平均每分化一片叶所需天数}}$$

播种期对油菜主茎总叶数的分化影响最大，据我们研究，在正常秋播条件下，油菜从出苗至花芽分化始期的天数，早熟品种约 30 天，中熟品种约 50 天，晚熟品种约 70 天，但是适时早播的出苗至花芽分化时间长，平均每分化一片叶所需时间则短；推迟播种的出苗至花芽分化时间短，平均每分化一片叶所需时间则长。除播种期外，油菜前期的土、肥、水和管理等栽培条件对主茎总叶数的分化也有很大影响，特别是肥，据我们研究，基肥施用量对油菜主茎总叶数多少有很大影响。

提高成枝率：甘蓝型油菜中熟品种在每亩 1 万株左右密度下，一次有效分枝成枝率为主茎总叶数的 1/3～1/4，即当主茎总叶数为 30 片左右时，第一次有效分枝为 7～10 个，可见提高成枝率也是可能的。油菜的有效分枝都着生在主茎上部，因此，提高成枝率主要是提高主茎中下部各节成枝率。其主要措施是在适时早播、加强冬前和冬季田间管理的基础上，在春后看苗适施薹肥，使油菜在抽薹期有一定绿叶数和叶面积；此外，在种植方式上注意加宽行距，缩小株距，使后期植株中部通风透光良好，也是提

高成枝率的重要措施。

增加第一次有效分枝数，绝不是说一次有效分枝数越多越好。因为植株中下部的分枝节多枝长（最多可达 10 节，枝长可达 60 厘米），叶面积大，经济系数小，如果发得过多，势必影响群体生长，对产量形成反而不利。生产实践证明，在每亩 1 万株左右种植密度下，油菜主茎总叶数 30 片左右，成枝率约 1/3，单株一次有效分枝数 8～10 个，每亩一次有效分枝数 8 万～10 万个较为合理。

2）增加每个分枝花序角果数。油菜现蕾前为有效花芽分化期，而现蕾后分化的花芽绝大部分为无效花芽。因此，增加单株角果数，主要是增加现蕾前的花芽数，同时减少现蕾后花芽的脱落数。增加现蕾前花芽数主要应抓好冬季管理，即在适时早播的基础上，施足基肥、苗肥、腊肥，培育冬前壮苗。据我们研究，增施基肥对增加现蕾前有效花芽数作用很大，如基肥施用量多的重肥区，单株有效角果数 269 个，中肥区为 214.2 个，轻肥区仅 144.1 个。至于减少现蕾后花芽脱落数，除了应抓好冬季培育管理外，春后应看苗施用薹肥，加强春后田间管理，养根保叶，使油菜春后生长良好。实践证明，增加现蕾前花芽数比减少现蕾后花芽数更主动，更可靠。

2. 每果粒数的形成

油菜的种子由子房中的胚珠受精后发育而成，因此油菜每果粒数的多少，便与每果胚珠数和胚珠能否受精以及结合籽能否发育有关，即：

油菜每果粒数＝每果胚珠数×每果受精胚珠的百分率×每果胚珠中结合籽发育成种子的百分率

因此，欲增加每果粒数，首先要增加每果胚珠数，同时提高每果受精胚珠百分率和每果胚珠中结合籽发育成种子的百分率。

油菜每果胚珠数一般有 17～40 个。除品种间有差异外，胚珠分化期间的气候条件和营养条件对它的影响也很大。如在同一植株上凡早分化的花芽其胚珠数少，迟分化的花芽其胚珠数多。冬季气温较低年份，每果胚珠数少；冬季气温较高年份，每果胚珠数多，这主要是受温度的影响。

每果受精胚珠数（即结合籽数）的多少，与开花期间气候条件的关系很大。据研究，油菜在开花期间的适宜温度为 14 ℃～18 ℃，空气相对湿度为 75%～85%。当温度低于 5 ℃，相对湿度高于 94%都不利于油菜开花。但在长江中游地区油菜开花期间寒潮频繁，温度常低于 5 ℃或阴雨连绵，这除了直接影响授粉、受精外，油菜传粉的媒介——蜜蜂活动也少，于是导致部分胚珠不能受精，油菜未受精胚珠数通常为 7%～10%，因此，在油菜开花期间养蜂传粉或进行人工辅助授粉特别重要。

至于雌雄配籽结合后形成的结合籽能否发育成种子，这与油菜后期的营养状况和光照条件等因素有关，特别是在种子形成的种胚发育阶段（开花后 15 天左右)，对营养和光照强度等条件要求最为敏感。油菜在开花结果阶段植株体内的光合产物可溶性糖的含量，叶中 10%左右，薹中 20%左右；叶中碳氮比为 2∶3，这样才有利于糖的正常积累。后期氮素过多或不足，对结合籽发育都不利。

3. 粒重的形成

油菜的粒重从胚珠受精后逐渐增加，直到成熟时达到一定数值，这是决定粒重的重要时期。据中国科学院上海植物生理研究所的研究，油菜角果皮的光合产物供给籽粒约 40%干物质，茎枝等光合产物供给籽粒约 20%干物质，植株体内贮藏物质供给籽粒约 40%干物质。为了增加粒重，必须增加角果皮和茎枝等绿色部分的光合产物，增加体内贮藏物质的量，以及增强这些物质向种子的运转。

油菜结实期间喷施外源转化物质可提高籽粒质量。如据官春云等研究（1988)，油菜结实期间喷施自制“转化剂”可显著提高种子千粒重。在油菜后期叶面喷施一种叫 Florogama R 含有微量元素的液体肥料（含氮 10.0%、镁 2.0%、硫 1.0%、钠 1.0%、硼 0.8%、铜 0.5%、锌 0.3%、锰 0.25%、钼 0.01%)，每公顷用 5～10 升，用时稀释至 100 升以上，油菜可增产 10%。

（三）我国油菜产量的现状和潜力

我国油菜平均单产为100千克，单产较低的原因，一是生产不平衡，二是我国油菜90%左右为一年两熟或三熟栽培，不像欧洲和北美国家实行一年一熟栽培。即使在这种情况下，我国油菜小面积高产典型还是层出不穷。国内油菜每亩最高产量达400千克以上，如湖南省油菜每亩最高产量达268千克，这也说明提高油菜单产是完全可能的。

（四）冬油菜高产途径的探讨

1. 促进冬发是长江中游地区油菜高产的途径

（1）油菜的冬发

油菜是越冬作物，其生长发育盛期主要在冬前和春后，越冬期间生长发育极为缓慢。那么，要夺取油菜高产，究竟应该促进冬前的生长发育，还是促进春后的生长发育，由此便提出了油菜春发、冬发的问题。20世纪50年代和60年代各地围绕这个问题做了一些研究工作，提出了一些不同的看法。一些人认为油菜高产应抓春发，因为从油菜干物质累积、油菜对氮磷以及各种营养元素吸收累积都是前期少，愈到后期累积愈多（钾的吸收略有不同）。当时一些地方的农民也认为油菜要高产必须抓春发，这可从农谚中反映出来。如“油菜只要隔年生，不要隔年青”“麦浇芽，菜浇芽”“春菜如虎”“油菜老来富”等。20世纪60年代初期我们在总结甘蓝型油菜高产经验和试验研究的基础上，提出了促进冬发是长江中游地区油菜高产的重要途径的看法，进而逐渐形成了油菜冬发高产的理论和栽培技术措施，对油菜增产，特别是长江中游地区的油菜增产起到了指导性作用。

（2）油菜冬发增产的主要原因

冬前和冬季是油菜器官分化和累积营养物质的重要时期。如前所述，油菜冬前的苗前期是主茎节数的决定期，而节数的多少又直接影响到分枝的多少。冬季苗后期是有效花芽数（即有效角果数）的决定期，而有效角果数的多少对产量影响最大。冬前长柄叶的生长、根系的扩展和主根膨大，为短柄叶、无柄叶的生长和翌年枝多花多奠定了物质基础。

油菜干物质累积从少到多的规律，无论高产栽培条件下或一般栽培条件下都是如此，但若冬前累积得多，则春后累积得才更多，这对油菜产量的形成是有利的。

长江中游的气候条件有利于冬发而不利于春发。长江中游地区油菜中熟品种冬前和春后的生长发育期大体相等。冬前累积温度比上游和下游地区都高，降水量和日照数都较适宜；越冬期间一般无明显冻害，均适宜油菜生长。而春后气温变化大，日照不足，雨量特别多，对油菜生长不利。而在长江下游地区油菜春后生长发育时间比冬前长，春后气温回升较慢，但较平衡，雨量比长江中游少，日照也较充足，对油菜生长有利，因此在长江中游促进冬发夺取高产是可能的。但如果在冬发的基础上抓春发，对增产将更为有利。

甘蓝型油菜中迟熟品种较白菜型油菜早熟品种更需要冬发。20 世纪 50 年代前期长江中游地区主要种植比较早熟的白菜型油菜品种，一般 10 月底至 11 月初播种，冬前生长时间短，春后生长时间长，再加上施肥水平低，因此一般抓春发。前面引述的农谚都是针对这类油菜的。我国在 20 世纪 50 年代中期开始推广甘蓝型油菜，这类油菜要求早播，苗期生长慢，应促进冬发才有利于增产。

(3) 促进油菜冬发的主要措施

抓住季节，适时早播是保证油菜冬发的关键。油菜的适宜播种期应根据不同地区的气候条件、品种特性和栽培制度等决定。在长江中游地区，一般要求在 9 月上中旬播种，使油菜越冬前长出 17～20 片真叶（绿叶数为 10 片左右）。

增施有机肥料，做到合理施肥。即应做到施足基肥，基肥追肥并重，重施冬苗肥，早施催薹肥。基肥施用充足，苗期生长良好，为多枝多果打下基础。油菜基肥用量一般占总施肥量的 50%～60%。苗肥结合中耕或抗旱，早施勤施。在越冬前重施一次腊肥，以保证越冬期间根系生长和花芽分化对养分的需要，并能起到越冬防寒的作用，对春后生长发育有利。春后则应看苗早施薹肥。

加强苗期培育管理。促进冬发，必须培育冬前壮苗。育苗移栽的油菜要适当增大苗床比例，稀播匀播，及时间苗定苗，抗旱保苗，防治病虫害等，以培育壮苗。本田冬前管理除重施冬苗肥外，还要中耕 1～2 次，进入越冬时适当培土，保证菜苗安全越冬。

2. 提高油菜的经济系数

作物的经济系数（也称收获指数）是指作物籽粒（糖或纤维）的收获量。

（1）油菜的经济系数及变异

与其他作物相比，油菜是经济系数很低的作物之一，如主要粮食作物经济系数都在 0.35～0.45，其他作物都在 0.3 以上，而油菜仅 0.251。油菜的经济系数随品种、栽培及环境因素的影响而有显著变化。

（2）提高油菜经济系数的途径

提高油菜经济系数应该从品种抓起，使植株高从现有品种 180 厘米以上降到 160 厘米左右；并促使各生长发育阶段协调生长，个体与群体协调生长，地下部与地上部协调生长，其经济系数才可提高。这里重点讨论后期结角层的结构和促进体内物质向籽粒转运的问题。

（3）促进体内物质（包括角果皮物质）向籽粒的转运

促进体内物质向籽粒的转运是提高经济系数的重要途径。据官春云等初步研究，在油菜结角时喷施“转化剂”，可显著提高种子千粒重和种子产量，这是一项重要的增产措施。与净干物质总量的比值，可反映作物生长学产量与经济产量的关系。

第五章 油菜绿色栽培技术

一、冬油菜育苗移栽栽培

由于我国南方作物复种指数较高，冬油菜育苗移栽栽培面积较大。

（一）冬油菜育苗移栽栽培的优点

1. 缓解季节矛盾，促进粮（棉）油增产

长江流域各冬油菜主产省区，油菜多栽培在稻田，不少地方采取早稻-晚稻-冬油菜复种，一年三熟，油菜一般要求在9月份播种，而晚稻要到10月下旬至11月上旬才能成熟收获，两者季节矛盾很大。棉油两熟制中，棉花拔秆与冬油菜播种亦有较大季节矛盾，通过冬油菜育苗移栽，则能较好地解决季节矛盾，实现粮（棉）油双丰收。

2. 有利于培育壮苗，提高油菜单产

冬油菜育苗移栽可利用苗床适时早播，这样既充分利用有利生长季节，又便于集中精细管理，有利于培育壮苗。在移栽前取苗还可选择壮苗，淘汰病苗、弱苗，并按苗的大小和长势分类移栽，使本田油菜生长发育一致。

3. 育苗移栽油菜用种量较少

一般每亩苗床播种0.5～0.75千克，可育出幼苗10万～16万株，可移栽大田10多亩。

（二）冬油菜育苗移栽栽培技术

1. 播种

播种期对冬油菜生长发育和产量形成影响很大，适宜的播种期能充分利用自然界的光照、温度、水分资源使冬油菜生长发育协调进行，从而利于获得高产。关于适宜播种期：①要根据当地气候条件。要有利于苗期生长发育，但也不能因播种过早而出现早薹早花遭受冻害。油菜种子发芽的起始温度为 3 ℃，发芽出苗适温为 15 ℃～20 ℃，一般播种的适宜气温为 20 ℃左右。②要根据前作物收获期、油菜苗龄期的长短和适宜的移栽期，来确认适宜的播种期。这样不至于造成油菜播种早，而前作未收，无法移栽，致使油菜在苗床密度大，形成高脚苗或弱苗。③要根据品种特性。一般偏冬性品种苗期生长慢，冬前不会早薹、早花，适时早播能发挥其增产潜力，而偏春性的品种早播后会出现早薹、早花，遭到冻害，因此，播种期应适当推迟。如位于长江中游的湖南省一般栽培半冬性油菜品种，根据湖南气候条件和栽培制度，在湘南地区以 9 月中下旬播种为宜；在湘北地区以 9 月上中旬播种为宜。据我们观察，油菜半冬性的中熟品种在湖南花芽分化始期一般在 12 月中下旬，而出苗至花芽分化始期是决定油菜主茎节数的重要时期，以平均每分化一个节需 2 天计算，9 月上旬播种出苗的油菜，从出苗到花芽分化的时间为 90 天，则主茎总节数为 45 节左右；10 月上旬播种出苗的油菜从出苗到花芽分化的时间约 60 天，则主茎总节数为 30 节左右；11 月上旬播种出苗的油菜，从出苗到花芽分化的时间约 30 天，则主茎总节数为 15 节左右；12 月上旬播种出苗的油菜，从出苗到花芽分化的时间约 10 天，则主茎总节数为 5 节左右（图 5－1）。由此可见，油菜适时早播，主茎总节数多。这为形成较多的分枝数和角果数打下了基础。当然，这也绝不是说油菜播种期越早越好，只能适时早播。④在病虫危害严重的地区，可通过调节油菜播种期避开或减轻病虫危害。一般播种越早，气温较高，病虫害发生越严重。在病虫危害严重的地区，应适当迟播。

2. 油菜壮苗标准和培育壮苗措施

（1）油菜壮苗标准

株型矮健紧凑，茎节密集不伸长，根颈粗短，无高脚苗、弯脚苗，6 片叶左右，叶片厚实，叶色正常，叶柄粗短，主根粗壮，支细根多，无病虫危害，具有本品种典型特征。根颈内机械组织、输导组织发达，髓部较大且较短。体内干物质含量高，发根力强。

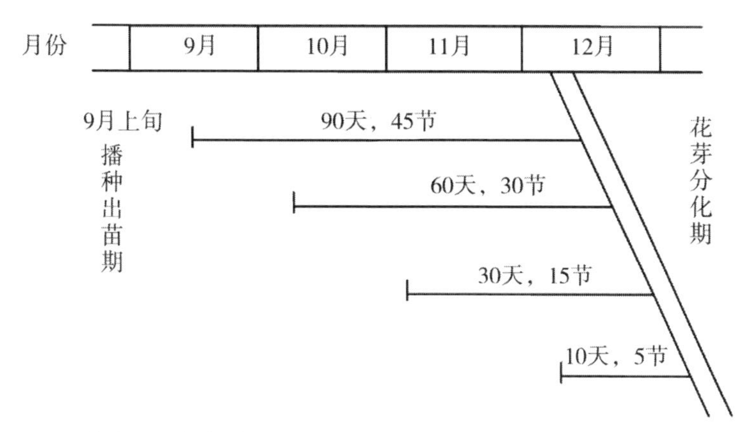

横线上天数为播种出苗至花芽分化天数，节数为主茎总节数

图 5-1 半冬性油菜在湖南不同播种期主茎总节数

（2）培育壮苗措施

1）苗床准备。选好选足苗床是培育壮苗的基础，也是保证完成种植面积的重要措施。一般应选择地势向阳，排灌方便，土壤疏松肥沃的地块。苗床不宜用近年种过油菜的地块。苗床面积最好按苗床∶大田＝1∶（6～8）的比例留足。

苗床整地要做到平、细、实，经整地后开成宽 1～1.5 米的厢，厢沟宽 25 厘米左右。每亩施 2500 千克土杂肥和 20～30 千克磷肥作基肥。

2）苗床播种。种子播前要晒种 1～2 次，然后风选或筛选。油菜苗床播种有撒播和条播两种，一般为撒播，每亩播种量为 0.5～0.75 千克，要求分厢定量播种均匀，播后及时沟灌，使土壤湿润，以利出苗。

3）苗床管理。苗床齐苗后即应开始间苗，以后每出一叶间一次苗，3～4 片真叶时进行定苗，苗距 8～9 厘米。若遇秋旱，应进行沟灌或浇灌。在移栽前一周最好施一次起身肥。注意防治蚜虫、跳甲、菜青虫、猿叶虫等。为防止高脚苗，在 3～4 叶时可喷 100 微克/升多效唑或烯效唑。

3. 移栽和种植密度

（1）移栽

油菜在移栽前，大田土壤干爽，温度适宜，精耕细整，施好基肥，开好围沟、腰沟、厢沟，以利移栽。在培育壮苗的基础上，应抓住季节适时早栽，力争移栽后在冬前有 40～50 天有效生长期，以利冬前生长发育。当日气温 12 ℃～15 ℃移栽，有利于根系生长和成活。适宜的移栽苗龄，甘蓝型中晚熟品种为 35～40 天，早中熟品种为 30～35 天。油菜移栽的前一天应将苗床用水浇湿，以便取苗。一般采取开沟或开穴栽苗，取苗时要多带土，少伤根，将大、小苗分级，边取苗边移栽，栽后施定根粪水。

(2) 种植密度

油菜种植密度应根据土壤水肥条件、播种期、品种特性等因素来确定。一般水肥条件好、个体生长旺盛的苗要种得稀些，相反要种得密些。早播的要稀些，迟播的要密些；晚熟品种稀些，早熟品种密些。当前冬油菜在肥地一般以每亩 8000～10000 株为宜，中等肥力的也以每亩 1 万～1.2 万株为宜，山区瘠薄地以每亩 1.5 万株为宜。

种植方式主要有以下几种：①正方形种植。在密度较稀情况下，油菜分枝可向各方向伸展，分枝部位低，有利于多分枝，多结角。②宽行密株。在密度较大情况下，不仅改善田间通风透光条件，也便于田间管理。油菜的行距一般 40 厘米左右，株距视种植密度一般为 12～20 厘米。③宽窄行。在密度较高情况下多采用此种植方式，不仅有利于田间通风透光，还便于间作套种。

4. 田间管理

(1) 冬前管理

油菜冬前是构建一定大小的营养体、进行器官分化的重要时期（苗前期是决定主茎节数的重要时期，苗后期是决定单株有效花芽数的重要时期），应促进油菜冬发。冬前长势长相的要求是：叶片浓绿而不发红，叶缘略带紫色，行将封行而不抽薹，单株总叶数（叶痕数+绿叶数）15 片左右（相当于全株总叶数的一半），绿叶数 8～12 片，根系发达，根颈粗 1～1.5 厘米。主要管理措施除及时追肥外，还应进行抗旱、除草，一般进行沟灌。灌后松土或在行间喷施除草剂进行化学除草。其次是防治病虫害，以防治蚜虫、菜青虫、跳甲等为主。

（2）越冬期管理

应做好保温、防冻工作，保证壮苗越冬。其长势长相的要求是：叶色浓绿，叶片厚实，根系发达，根颈粗壮，叶片开展而不下垂，孕蕾而不露，无冻害。主要管理措施，最好结合施肥壅土培蔸，及时摘除冻叶。在暖冬年份，油菜早中熟品种常有早薹、早花现象，可进行摘薹，以早摘为好，摘薹要选晴天进行，减少伤口面积。若油菜缺肥，摘薹后须及时施用速效肥料。

（3）春后管理

油菜在春季进入营养生长和生殖生长都很旺盛的时期，主茎迅速生长，分枝大量形成，进行开花授粉结籽，直到成熟。此时气温渐高，但阴雨寒潮频繁，病虫害多。这时的长势长相要求是：薹抽出时的平头高度适中，薹粗壮有力，上下粗细较均匀，盛花期叶面积指数达 4～5，后期不脱肥早衰，无病害。主要管理措施有进行人工辅助授粉（包括养蜂传粉和拉绳传粉等）和防治菌核病（包括摘除病叶、老叶和药剂防治等）。

二、冬油菜稻田免耕直播栽培

（一）我国冬油菜现行栽培方式

长江流域是我国油菜主产区，面积和总产量均占全国的 90%以上，全部为冬油菜，一年三熟或二熟制栽培，近 50 年来油菜生产发生了很大变革，先后普及了甘蓝型油菜、“双低”油菜和杂交油菜，栽培上采取了育苗移栽等措施，使油菜单产翻了一番。但由于油菜是夏作物水稻、棉花等的前作物，有些地方不够重视，栽培水平不高，导致油菜单产相对较低。更重要的是原来的栽培方式，其劳动生产率较低，影响农民种植油菜的积极性。我国油菜生产现在仍属劳动密集型产业，每公顷油菜种植至少需 225 个工，每个工的工价按 15 元计算，则每公顷用工成本就达 3375 元。此外，机耕整地、开沟作厢每公顷需 900 元，所需种子、化肥、农药和灌溉等至少需 1200 元，每公顷总成本约为 5415 元。而每公顷油菜产量约

2250千克，按现行价格，每千克菜籽2元左右计算，每公顷菜籽总收入仅4500元左右，收支相抵，每公顷油菜种植还需倒贴近1000元，或者说每个工的工价不能达到15元，仅为10.5元。随着农村劳动力的转移，特别是解决农民增收问题，我们必须探索新的高效栽培方式。

1. 油菜“机播机收，适度管理”栽培方式的特点

根据当前冬油菜劳动生产率较低等问题，提出冬油菜单产水平维持在2250千克/公顷左右前提下，以降低生产成本为主要目标的新的栽培方式——机播机收，适度管理的栽培方式。其主要特点是：①水稻收后利用稻板田直播油菜。②利用机械播种，一次播种完成4个工序，即播种、施肥、开沟、覆土。③利用机械收获，一次收获完成2个工序：割倒和脱粒。④选用适于机械栽培的冬油菜品种，以及与之配套的栽培技术措施，特别是用高新科技措施取代或部分取代原来精耕细作的栽培措施。⑤适度管理，即将管理措施用在刀刃上。在生长期间原则上不管理，只在必要时和遇到严重灾害时进行管理。⑥在当前情况下每公顷投入控制在2250元以内，菜籽产量保持在2250千克/公顷左右，即每公顷收入4500元左右。并做到成本逐渐降低，而产量逐渐提高。

我们已于2003年起开始了这项研究，希望通过几年的研究和实践，形成可供操作的技术规程。

2. 油菜“机播机收，适度管理”栽培方式的实践

（1）稻板田油菜免耕联合播种机的研究

我们已研究出2BF-6型油菜免耕联合播种机，该机主要由柴油机、驱动轮、种子箱、肥粒箱、旋耕开沟机、挡土板、清沟机、操作系统等组成（表5-1）。

表5-1　2BF-6型油菜免耕联合播种机的主要技术参数

参数	标准
工作时播种机外观尺寸/毫米	2500×1800×1500

续表

参数	标准
整机重量/千克	≤70
机具前进速度/(千米/小时)	≤5
配套动力/千瓦	Power11
种子播量/(千克/公顷)	1.5～7.5
肥料施量/(千克/公顷)	225～450
厢沟宽度/毫米	240
厢沟深度/毫米	120
播种行数	6
行距/毫米	100～400
破碎率/%	≤2
排种行幅度变异系数/%	≤8

本机已在湖南农业大学农场、湖南汉寿县和湖南安乡县试播 40 公顷以上，效果较好。每公顷播种仅需 450 分钟，最后产量超过同期手工撒播油菜。据 2004 年 10 月在安乡县三叉河镇油菜基地试验，试验地为沙壤土，土壤平均含水量为 17.8%，平均坚实度为 19.6 千克/平方厘米，稻茬高 3～5 厘米，在三丘田分别采用播种量 1.5 千克/公顷、3.0 千克/公顷、4.5 千克/公顷，结果实际出苗数与播种量之间仅存在 3.36%误差。开沟宽度、深度均达设计要求，田间出苗均匀，在 2 米宽厢上覆土面达 82.3%，产量 2250 千克/公顷以上。

(2) 油菜联合收获机械的研究

当前利用小型水稻收割机在一定条件下可代替用以收割油菜，其前提条件是冬油菜密播栽培每公顷 30 万～45 万株，油菜分枝少、主茎较细。对稀播油菜，由于分枝多，主茎较粗，收割机前进阻力大，则不宜采用(若设计出可横向割断又可纵向割断的收获机器效果更好)。但这样的收割机只能完成割倒任务，一般需堆放 7～10 天经后熟和稍干燥后，另利用机械拾秆和脱粒，才能完成收获过程。我们现在正研究一次收获脱粒的冬油菜联合收获机械。同时由于油菜植株成熟时叶片已脱落，采用化学催熟比其他有叶植株效果更好，因此在冬油菜种子蜡熟期喷施乙烯利等催熟剂，可使油菜达到一次收获的目的。但这一技术尚待深入研究，同时也要选育适于机械收获的油菜品种。

（3）适于冬油菜机械栽培品种的研究

选育出适于机械播种和机械收获的油菜（杂种）十分重要。如冬油菜种子成熟期和萌发期需一致，植株高度需从 180～200 厘米降到 160 厘米左右；少分枝或不分枝（我们已从远缘杂交后代中发现不分枝的单秆油菜类型）；产量高，种子含油量高；抗倒；抗病虫等。如我们选育的抗菌核病冬油菜品种湘油 15 号，常年发病率和病情指数均很低；我们选育的转基因抗虫油菜 T_5 抗菜青虫，一般不需进行药物防治；上海市农科院选育的沪油 17，其抗落粒性强，适于机械收获。

（4）控释性复合肥的研究

冬油菜生育期较长，为做到油菜生长期间不追肥，实现播种时一次性施肥，既能满足冬油菜苗期，又能满足中后期对肥料的需要，必须研究适于油菜的缓释复合肥料。目前湖南省已研究出胶膜缓释复合肥，据在湖南省试验，在施肥总量相同情况下，一次性每公顷施用 35％胶膜缓释肥 750 千克与一次性施用普通复合肥相比，可有效地增加油菜的分枝数、角果数，产量增加 17％以上。现正研制具有更高效能的控释性肥料，实现一次施肥代替多次施用。

（5）高效除草剂的研究

稻板田油菜杂草多，应研制出高效稻田除草剂。当前主要是抓住播前 1～2 天和油菜 5～6 叶期前施用除草剂，如播前用克无踪每公顷 3750 毫升，喷于土表；苗期则用油菜除草剂等均有较好效果。由于直播油菜播种量较大，油菜封行早，封行后一般不必再除草，也不会形成草害。

（6）播种期的选择

适时早播是实现冬油菜高产最重要的技术措施。总的说来，稻田免耕直播为冬油菜适时早播提供了条件。据研究，在长江中游地区甘蓝型油菜中熟品种一般以9月中下旬播种为宜，但受前作水稻等收获期的影响，若为一季稻田冬油菜一般可实现早播，双季稻田则播种较迟，但也不应迟于10月中旬。适宜的播种期还与土壤湿度有关，若水稻收后土壤湿度太大，会影响机械开沟撒土的效果，也不宜播种。一般应在土壤湿度为田间最大持水量的60%左右适宜。

3.推行油菜“机播机收，适度管理”栽培方式的意义

（1）可以做到油菜适时早播，促进高产优质

在油菜高产措施中抓住季节，适时早播是首要的一环。机械播种效率高，可做到这一点。此外，由于一次播种，一次收获，减少了栽培期间的操作环节，防止了品种混杂，保证了优良品质。

（2）大大降低了生产成本，提高了劳动生产率，促进农民增收

由于机械作业，大大降低了劳动生产率，我们预计，每公顷油菜的生产成本比现行栽培方式至少减少了一半或只有原来的1/3，从而促进农民增收。

（3）免耕直播栽培，有利于油菜高产

免耕直播栽培，不破坏土壤结构，减少土壤养分和水分流失，有利于土壤热量交换和微生物生长，有利于油菜高产。

（4）促进我国南方冬闲田的开发，发展油菜生产

据粗略统计，目前我国南方有0.13亿～0.2亿公顷冬闲田，其光、温、水、土资源没有得到充分利用。推行油菜“机播机收，适度管理”栽培方式，这些冬闲田则可用以发展油菜生产。

（5）促进油菜生产规模化和产业化经营

今后油菜的种和收可由专业公司承担，专业公司完成作业后收取必要的成本报酬，这样农民劳动力可以从中解放出来，从事其他工作。

（二）不同栽培措施对油菜机械收获相关性状的影响

长江流域地区种植模式以稻—油和稻—稻—油多熟制为主，油菜与水稻的季节矛盾突出。虽然油菜早熟品种的主要特性和鉴定选育方法方面取得了一定的进展，育成了特早熟油菜品种，而且为了实现油菜的高产优质栽培，目前国内研究主要集中在栽培因子如播期、肥料和密度单因素或两两互作对早熟油菜农艺性状和产量及产量构成的影响，但针对油菜种植费时费工、经济效益低下的问题研究较少。即使前人提出了早熟油菜“机播机收、适度管理”栽培模式，但国内对不同栽培措施下油菜机械化作业影响的研究依然较少。已有的研究大多数集中在密度、施氮量和密度以及播期和密度等单因素或两因素对油菜机械化收割的影响，一般认为播期越早，产量越高，每公顷密度 45 万～75 万株，施氮量因品种不同有较大差异。而播期、密度和施肥水平三因子互作对早熟油菜机械收获的影响尚未见报道。本研究结合适合油菜全程机械化作业的育种新概念，以特早熟甘蓝型油菜品种（系）“1358”为材料，探讨不同栽培措施对早熟油菜机械收获的影响，使油菜性状达到株型紧凑，株高适中，花期集中，成熟期一致，筛选出与最佳早熟油菜机械收获匹配的栽培措施，为长江流域多熟制油菜的机械轻简化高效栽培提供了科学依据和实践指导。

1. 材料与方法

（1）试验地和材料

2013—2015 年连续 2 个生长季在长沙市湖南农业大学耘园油菜基地进行田间试验。供试品种为特早熟甘蓝型油菜品种（系）“1358”，由国家油料改良中心湖南分中心选育。供试土壤的基本性状如表 5－2。

表 5－2　　供试土壤的基本性状

年份	pH 值	有机质/(克/千克)	全氮/(克/千克)	碱解 N/(毫克/千克)	有效 P/(毫克/千克)	速效 K/(毫克/千克)
2013—2014 年	5.8	31.7	1.18	132.9	45.9	172
2014—2015 年	5.7	28.5	1.04	126.2	43.5	175

(2) 试验设计

本试验设置 3 个播期：T_1 为 10 月 20 日，T_2 为 10 月 30 日，T_3 为 11 月 9 日；3 个密度：D_1 为每公顷 30 万株，D_2 为每公顷 60 万株，D_3 为每公顷 90 万株；2 个施肥水平（复合肥，有效成分 48%，N、P、K 含量均为 16%）：F_1 为 450 千克/公顷，F_2 为 900 千克/公顷，共 18 个处理。采用直播的方式，随机区组排列，4 次重复。小区面积 2.0 米×10.0 米。前茬为水稻，水稻收获后翻耕土壤，肥料全部作基肥施。

表 5-3　18 个处理组合详情

序号	处理组合	处理内容
1	$T_1D_1F_1$	10 月 20 日播种，密度为 30 万株/公顷，施肥水平为 450 千克/公顷
2	$T_1D_1F_2$	10 月 20 日播种，密度为 60 万株/公顷，施肥水平为 900 千克/公顷
3	$T_1D_2F_1$	10 月 20 日播种，密度为 90 万株/公顷，施肥水平为 450 千克/公顷
4	$T_1D_2F_2$	10 月 20 日播种，密度为 30 万株/公顷，施肥水平为 900 千克/公顷
5	$T_1D_3F_1$	10 月 20 日播种，密度为 60 万株/公顷，施肥水平为 450 千克/公顷
6	$T_1D_3F_2$	10 月 20 日播种，密度为 90 万株/公顷，施肥水平为 900 千克/公顷
7	$T_2D_1F_1$	10 月 30 日播种，密度为 30 万株/公顷，施肥水平为 450 千克/公顷
8	$T_2D_1F_2$	10 月 30 日播种，密度为 60 万株/公顷，施肥水平为 900 千克/公顷
9	$T_2D_2F_1$	10 月 30 日播种，密度为 90 万株/公顷，施肥水平为 450 千克/公顷
10	$T_2D_2F_2$	10 月 30 日播种，密度为 30 万株/公顷，施肥水平为 900 千克/公顷
11	$T_2D_3F_1$	10 月 30 日播种，密度为 60 万株/公顷，施肥水平为 450 千克/公顷
12	$T_2D_3F_2$	10 月 30 日播种，密度为 90 万株/公顷，施肥水平为 900 千克/公顷
13	$T_3D_1F_1$	11 月 9 日播种，密度为 30 万株/公顷，施肥水平为 450 千克/公顷
14	$T_3D_1F_2$	11 月 9 日播种，密度为 60 万株/公顷，施肥水平为 900 千克/公顷
15	$T_3D_2F_1$	11 月 9 日播种，密度为 90 万株/公顷，施肥水平为 450 千克/公顷
16	$T_3D_2F_2$	11 月 9 日播种，密度为 30 万株/公顷，施肥水平为 900 千克/公顷
17	$T_3D_3F_1$	11 月 9 日播种，密度为 60 万株/公顷，施肥水平为 450 千克/公顷
18	$T_3D_3F_2$	11 月 9 日播种，密度为 90 万株/公顷，施肥水平为 900 千克/公顷

（3）测定内容和方法

1）生育进程记载。按照油菜品种区域试验品种考察项目统一调查记载标准进行观测，记载不同生育阶段，包括出苗期、抽薹期、现蕾期、初花期、盛花期、终花期、成熟期、收获期。全生育期天数：从出苗到成熟的天数。

2）成熟期植株性状考察及测产。油菜成熟后采用5点取样法，各处理取样10株考种，包括株高、分枝数、分枝位、每株角果数、主花序长、主花序角果数、角果粒数、千粒质量、单株产量、分枝位（即第一个一次有效分枝距离地面高度）、分枝层（即第一个一次有效分枝到最后一个一次有效分枝之间的高度），以实收小区产量测产。

（4）数据处理与分析

试验数据采用Excel处理，并用SPSS 17.0对数据进行方差分析和差异显著性检验。

2. 结果与分析

（1）不同处理对油菜生育期的影响

不同处理下油菜生育进程统计结果见表5-4，10月20日播种的油菜全生育期为189～190天，比10月30日播种的长6～7天，10月30日播种的油菜比11月9日播种的生育期长9天。同一播期内，不同肥料用量、密度对油菜全生育期没有影响。在油菜的各生育阶段，苗期、现蕾期和角果期的天数随着播期的推迟而减少，11月9日播种的油菜苗期天数比10月20日、10月30日播种的分别短7天和5天，现蕾期分别短10天和4天，角果期分别短5天和3天。由于T_3播种时温度较低，苗前期时间比另外两个播期长2天，抽薹时间比T_1长4～6天，比T_2短2～4天，而在花期方面，3个播期处理都在23天左右，时间较短。

表 5-4 不同处理下油菜生育进程

处理	苗前期/天	苗期/天	抽薹期/天	现蕾期/天	花期/天	角果期/天	全生育期/天
$T_1D_1F_1$	5	64	22	40	24	35	190
$T_1D_1F_2$	5	64	22	40	24	35	190
$T_1D_2F_1$	5	64	21	41	24	35	190
$T_1D_2F_2$	5	64	22	40	24	35	190
$T_1D_3F_1$	5	63	22	41	23	35	189
$T_1D_3F_2$	5	63	21	42	23	35	189
$T_2D_1F_1$	5	61	29	34	22	32	183
$T_2D_1F_2$	5	61	29	34	22	32	183
$T_2D_2F_1$	5	61	29	34	22	32	183
$T_2D_2F_2$	5	61	29	34	22	32	183
$T_2D_3F_1$	5	60	30	34	22	32	183
$T_2D_3F_2$	5	60	29	35	22	32	183
$T_3D_1F_1$	7	57	26	30	23	30	173
$T_3D_1F_2$	7	57	27	30	23	30	174
$T_3D_2F_1$	7	57	27	30	23	30	174
$T_3D_2F_2$	7	57	27	30	23	30	174
$T_3D_3F_1$	7	57	27	30	23	30	174
$T_3D_2F_2$	7	56	27	30	24	30	174

（2）不同处理对油菜农艺性状的影响

不同播期、密度、肥料处理的农艺性状统计结果见表 5-5。

表 5-5 不同播期、密度、肥料处理的农艺性状

处理	株高/厘米	一次分枝数/个	分枝位/厘米	分枝层厚度/厘米
$T_1D_1F_1$	148.26	4.10	76.33	24.80
$T_1D_1F_2$	159.00	5.10	73.80	30.20

续表

处理	株高/厘米	一次分枝数/个	分枝位/厘米	分枝层厚度/厘米
$T_1D_2F_1$	147.37	3.78	68.23	28.37
$T_1D_2F_2$	152.33	3.90	82.93	20.40
$T_1D_3F_1$	142.40	3.90	81.40	24.67
$T_1D_3F_2$	146.60	3.60	76.60	19.87
$T_2D_1F_1$	149.53	4.15	57.53	31.33
$T_2D_1F_2$	149.40	3.90	58.87	30.00
$T_2D_2F_1$	136.07	3.15	77.80	18.40
$T_2D_2F_2$	141.07	3.60	76.57	20.30
$T_2D_3F_1$	130.33	2.15	74.37	17.70
$T_2D_3F_2$	135.33	3.05	70.53	19.67
$T_3D_1F_1$	136.80	4.53	53.40	33.27
$T_3D_1F_2$	135.93	4.93	58.60	24.00
$T_3D_2F_1$	131.40	3.73	68.60	22.47
$T_3D_2F_2$	133.93	3.50	75.97	19.80
$T_3D_3F_1$	117.27	3.67	68.00	25.27
$T_3D_3F_2$	116.47	3.20	51.77	41.53

1）株高。由表5-5可知，相同肥料、密度处理下，随着播期的推迟，株高总体呈现降低趋势，其中 $T_1D_1F_1$ 和 $T_2D_1F_1$ 两个处理株高基本一致；3个播期的平均株高分别为150厘米、140厘米和130厘米。同一播期内随着栽培密度的增加，油菜的株高则呈现降低的趋势，除了11月9日播种的油菜之外，同一播期内随着施肥量的增加，油菜的株高均呈现升高的趋势。

2）分枝数。由表5-5可知，同一播期和相同的施肥条件下，密度对油菜一次分枝数的影响显著，随着密度的增加分枝数显著减少，而其他条件相同时，除了 T_1D_3、T_2D_1 和 T_3D_3 三个处理外，增大施肥量其一次分枝数都有不同程度的增加。

3）分枝位和分枝层。由表 5－5 可知，不同播期、密度、肥料处理对分枝位的影响无明显规律，但 $T_1D_2F_2$ 和 $T_1D_3F_1$ 两个处理的一次分枝位均大于 80 厘米，10 月 20 日播种的不同肥料和密度处理的一次分枝位均在 70 厘米以上（$T_1D_2F_1$ 为 68.23 厘米），10 月 30 日播种的油菜除了前两个处理 $T_2D_1F_1$ 和 $T_2D_1F_2$ 外，其余处理也是在 70 厘米以上，而在 11 月 9 日播种则只有 $T_3D_2F_2$ 的一次分枝位高于 70 厘米。而播期、密度和肥料对分枝层的影响没有明显规律，除了 $T_3D_3F_2$ 的分枝层大于 40 厘米，其余所有处理分枝层均在 15～40 厘米，$T_1D_3F_2$、$T_2D_2F_1$、$T_2D_3F_1$、$T_2D_3F_2$、$T_3D_2F_2$ 处理的分枝层较小，分枝紧凑。

4）栽培措施与油菜一次分枝的相关性。不同处理的一次分枝性状 F 检验结果见表 5－6。分枝位即是指子叶节到一次有效分枝的高度，分枝层是指第一个有效分枝到最后一个有效分枝之间的高度。由表 5－6 可知，早熟油菜的播种时间与油菜的分枝位有极显著关系，随着播期的推迟，分枝位高度显著增加。播期、密度对油菜分枝数的影响均达到显著水平，其中密度对分枝数的影响达到极显著水平，密度的增加能显著减少一次有效分枝数；而播期、密度与分枝层的相关性不显著，播期、密度、施肥水平两两交互作用以及三个因素的交互作用与油菜一次分枝的分枝位、分枝数和分枝层相关性均不显著。

表 5－6　　不同处理的一次分枝性状 *F* 值

分枝性状	T	D	F	T×D	T×F	D×F	T×D×F
分枝位	5.70**	4.31*	0	1.31	0.14	1.77	0.56
分枝数	5.29*	28.55***	3.82	0.48	0.03	0.12	0.81
分枝层	0.86	1.94	0	1.21	0.16	0.57	1.09

注：F 值后 * 表示 $p<0.05$，** 表示 $p<0.01$，*** 表示 $p<0.001$。

（3）不同处理对产量及产量构成的影响

不同播期、密度、肥料处理的产量及产量构成差异显著性分析见表5－

7。由表 5－7 可知，在相同密度和施肥量水平下，不同播期间小区产量均表现为 $T_1>T_2>T_3$（$T_2D_3F_1>T_1D_3F_1$、$T_2D_3F_2>T_1D_3F_2$ 除外）。而在同一播期条件下，相同密度处理中肥料施用量的增加均会增加油菜的小区产量；对于同一施肥量条件下，10 月 20 日播种，随着密度的增加，小区产量不变或者减少，而且随着密度不断增加减产幅度增大；10 月 30 日和 11 月 9 日播种的油菜随着密度的增加，小区产量呈现单峰趋势，即先增加而后减少。在所有 18 个处理中，$T_1D_2F_2$ 小区产量最高，$T_1D_1F_1$、$T_2D_1F_2$、$T_2D_1F_2$、$T_2D_2F_2$、$T_2D_3F_2$ 的小区产量处于较高水平。在产量构成因素方面，$T_1D_1F_2$、$T_3D_1F_1$、$T_3D_1F_2$ 这三个处理的单株角果数最多，分别高达 150.33 个、147.80 个和 153.60 个，比最低的 $T_2D_2F_1$（58.60）分别高 156.5%、152.2%和 162.1%；每角果粒数除 $T_3D_2F_1$ 达到 24.60 粒外，其余处理之间差异并不显著，都介于 18～22 粒之间；千粒质量与播期间有显著性相关，随着播期推迟，千粒重有不断减小的趋势，在 18 个处理中，$T_2D_3F_1$ 千粒重最高，达到 5.40 克，$T_1D_1F_1$、$T_1D_2F_1$、$T_1D_2F_2$、$T_1D_3F_2$ 和 $T_2D_2F_2$ 也均大于 5 克，其余处理千粒重在 4.50 克左右。

表 5－7　不同播期、密度、肥料处理的产量及产量构成比较

处理	小区产量/克	单株角果数/个	每角果粒数/粒	千粒重/克
$T_1D_1F_1$	1679.37a	101.93abc	19.07ab	5.18ab
$T_1D_1F_2$	1654.10ab	150.33a	18.67b	4.55abc
$T_1D_2F_1$	1515.93abc	97.76bc	19.13ab	5.14ab
$T_1D_2F_2$	1700.83a	105.67abc	18.97ab	5.09ab
$T_1D_3F_1$	1210.50cd	102.73abc	18.47b	4.90abc
$T_1D_3F_2$	1373.58bcd	87.53bc	18.97ab	5.09ab
$T_2D_1F_1$	1247.67cd	103.47abc	20.07ab	4.84abc
$T_2D_1F_2$	1617.27ab	102.87abc	21.83ab	4.67abc
$T_2D_2F_1$	1362.93bcd	58.60c	18.93ab	4.33bc
$T_2D_2F_2$	1642.50ab	79.73abc	18.17b	5.10ab

续表

处理	小区产量/克	单株角果数/个	每角果粒数/粒	千粒重/克
$T_2D_3F_1$	1396.10bcd	55.33c	18.90ab	5.40a
$T_2D_3F_2$	1609.00ab	74.06bc	20.47ab	4.83abc
$T_3D_1F_1$	1073.67d	147.80ab	20.17ab	4.64abc
$T_3D_1F_2$	1189.67cd	153.60a	21.97ab	4.41bc
$T_3D_2F_1$	1212.17cd	99.60abc	24.60a	4.63abc
$T_3D_2F_2$	1459.66abc	105.97abc	21.13ab	4.13c
$T_3D_3F_1$	1085.43d	108.00abc	18.40b	4.10c
$T_3D_2F_2$	1279.50cd	86.53bc	20.73ab	4.42bc

3. 讨论

（1）不同栽培措施与油菜生育期的关系

在长江流域稻—稻—油三熟制地区，晚稻的收获时间为 10 月底，早稻的播种移栽时间一般在 4 月底至 5 月初，为解决季节矛盾，早熟油菜的播种时间一般在 10 月 20 日左右。本研究发现，不同油菜品种的生育期均随着播期的推迟而缩短，相比于 10 月 20 日播种而言，10 月 30 日和 11 月 9 日播种的油菜生育期更短，都能在 5 月初收获，能更好地解决稻—稻—油三熟制的季节矛盾，而且 3 个播期的花期都在 23 天左右，较为集中。

（2）不同栽培措施与油菜株高的关系

早熟油菜株高适中，株型紧凑，分枝数少且集中。前人研究认为，油菜栽培密度增加，能降低油菜的株高。本研究发现，株高随着播期的延迟不断降低，3 个播期的株高分别为 150 厘米、140 厘米和 130 厘米左右，均符合机械化收获的要求。而密度增加导致单株营养物质分配减少，使得植株株高降低，而增大施肥量，为油菜提供更多的营养，则会增加油菜株高。

（3）不同栽培措施与油菜分枝的关系

中国油菜育种以高产和优质为主要目标，油菜的分枝数多、分枝位较低、分枝层厚，都不适宜机械化收获。施肥量增加可以显著增加油菜的分枝数，推迟生育期，而增加栽培密度会减少油菜的有效分枝数，增加分枝高度。本研究结果表明，适当的播期、密度和施肥量能减少早熟油菜的分枝数，降低分枝位，缩短分枝层的高度。在这三个因素之间，密度对分枝数的影响最大，达到了极显著水平，播期也能显著影响分枝数。就单个处理而言，10 月 30 日播种，每公顷 90 万株的两个施肥水平以及 10 月 30 日播种每公顷 60 万株同时施肥水平为 900 千克/公顷时早熟油菜分枝数相对较少，最符合油菜机械化收获的要求。而分枝位方面，播期能极显著影响分枝位，密度也可以显著影响分枝位，3 个播期中，10 月 20 日播种的油菜在不同密度和施肥量下，一次分枝位均在 70 厘米以上；10 月 30 日播种的油菜和 10 月 20 日播种每公顷 30 万株的两个施肥水平的分枝位低于 70 厘米，其余处理均在 70 厘米以上；11 月 9 日播种的油菜只有施肥水平在 900 千克/公顷，密度为每公顷 60 万株时分枝位达到了 70 厘米以上。分枝层的厚度方面，并没有栽培因素对它有显著影响，针对单个栽培措施而言，分枝层厚度低于 20 厘米适合油菜的机械化收获要求，10 月 30 日播种，种植密度为每公顷 90 万株，施肥水平为 900 千克/公顷时分枝层厚度最低为 17.7 厘米。

（4）不同栽培措施与早熟油菜产量及产量构成因子的关系

肥密耦合对油菜的产量影响很大。不同的研究发现油菜高产的肥密组合不同。本研究结果表明，早熟油菜播种时间越早，产量越高，随着播期的推迟，明显缩短油菜的营养生长时间、减少角果期光合产物的积累量；肥料能显著影响早熟油菜的产量，同播期同密度处理下，高施肥量处理比低施肥量处理的产量要高，增加施肥量主要通过增加单株角果数来达到增产的目的；对于同一施肥量条件下，10 月 20 日播种，随着密度的增加，小区产量不变或者减少，而且随着密度不断增加减产幅度增大；10 月 30 日和 11 月 9 日播种的油菜随着密度的增加，小区产量呈现单峰趋势，即先增加而后减少。密度的增加，通过发挥群体优势，增加早熟油菜的产量。在低密度水平下，油菜个体发育良好，单株产量、每角粒数以及千粒重均能增加，而在高密度水平下，群体优势较大，植株变矮，分枝减少，有利于油菜的成熟期一致，适合机械化收获。

（三）小结

南方冬油菜免耕机械化栽培是湖南农业大学官春云院士提出的油菜“机播机收，适度管理”栽培方式，要在实现油菜高产优质的前提下，提高油菜生产劳动生产率，研制和筛选出性能优良的播种和收获机械。同时，选育出适于机械栽培的冬油菜品种和与之配套的栽培技术规程。

三、冬油菜稻田免耕移栽栽培

育苗移栽是我国油菜的传统栽培方法，虽然花工较多，但能解决与水稻生产的季节矛盾，有利于培育壮苗，管理比较精细，油菜单产较高，现仍是湖南省油菜栽培的主要方式。油菜育苗移栽栽培，各地经验也比较丰富，有几点需格外重视。

（一）推广杂种

与其他作物比，油菜杂种优势比较显著，好的组合一般可增产 20%～30%，甚至更高，至少可增产 15%左右。以往研究认为，作物杂种优势主要是由亲本间显性效应和超显性效应引起，因此，认为油菜不同性状杂种优势的强弱是：营养体性状＞产量性状＞品质性状，似乎通过利用杂种优势来提高品质和抗性效果较差。但近年研究表明，很多品质和抗性性状同时存在显性、加性和上位性效应，因此，利用杂种优势来提高油菜品质和抗性也是可能的。现在多数杂种都具有双低性状，推广杂种可以同时达到优质高产、增加抗性的目的。

（二）适期播种

播种期是油菜增产的关键措施，油菜种植户历来有“不误农时”、油菜“8 月播种自长，9 月播种粪长，10 月播种不长”（指农历月份）的经验。因为油菜是越冬作物，湖南省种植的油菜品种为甘蓝型半冬性品种，到12月上中旬低温来临后即进行花芽分化，主茎节停止分化。大体说来从出苗到花芽分化，大约每2天分化一个节，主茎总节数一般30节左右，这样的油菜才可能高产。因此，湖南省油菜的适宜播种期，湘北以9月上中旬为宜，湘南以9月中下旬为宜。同时加强苗床期管理，培育壮苗。

（三）施好硼肥

油菜是需硼作物，而且需硼量明显高于禾本科作物。耐低硼的品种也很少。硼在油菜生理上有重要作用，特别在光合产物的运输和分配，多种酶的活性及其调节，生物膜的形成和功能及核酸代谢等方面均有重要作用。油菜在缺硼条件下影响分生组织的细胞分裂，如根尖生长受阻，茎生长点生长受阻，导致植株萎缩，不能抽薹；叶片因光合产物不能运走，而呈现暗紫色，光合作用减弱；花器生长不良，特别是花粉不能正常发育，萌发少，花粉管生长慢，不能结实，即常说的“花而不实”，最后导致植株分枝丛生，常造成减产或失收。另一种情况是因施肥不当而引起缺硼。如硼与钙之间是一种拮抗关系，油菜中硼的转化系数随钙水平的提高而逐渐下降；在低硼条件下，钙不足和过量对油菜硼的吸收均有抑制作用。又如硼与钾需保持一定的比例，过高过低都影响硼的吸收。硼与氮之间虽为互促关系，但在缺硼条件下单施氮肥导致油菜严重缺硼；在缺氮时施硼，油菜植株含氮量显著降低。磷与硼亦为互促关系，但缺磷时也不利于硼的吸收和转移。一般认为土壤中水溶性硼小于0.2毫米/千克为严重缺硼，0.2～0.5毫米/千克为轻度缺硼。关于硼肥的施用当前一般每公顷施硼肥15千克左右，与基肥同时施用，但若还结合进行根外追肥效果更好，因为油菜对硼的吸收是前期少，后期多。薹花期及以后缺硼均可导致减产50%左右。

（四）促进冬发

促进冬发是长江中游地区油菜增产的关键。除适时播种外，促进冬发的主要措施还有培育壮苗、精细整地、适龄移栽、增加前期施肥。油菜每生产100千克菜籽需施氮10千克左右及相应磷钾，N、P、K比例一般为

3∶1∶3。并做到施足基肥和苗腊肥，基肥应占60%左右。郭庆元在江西红壤稻田种植中双7号油菜，每公顷施纯N 240千克，P_2O_5 63.75千克，K_2O 90千克，产菜籽2437.5千克。此外应加强冬前、越冬和春后的田间管理，特别是中耕除草、防治病虫害等。当然，春后的管理也很重要，特别是清沟排水和防病等。

（五）合理密植

所谓合理密植，即根据湖南自然气候条件、当前油菜品种、施肥水平、播种期和管理水平等确定适宜的密度。经研究和大面积生产总结，育苗移栽的油菜种植密度以每公顷15万株左右最好，个体和群体的矛盾协调较好，单位面积果粒数较多。据对湘杂油1号产量3916.5千克/公顷以上丘块的调查，每公顷角果数需达6750万～7500万个，每公顷粒数需达135000万～150000万粒。在每公顷15万株情况下，则每株角果数达6750～7500个即能实现上述目标，若每公顷仅10.5万株，则每株需9000～10500个角果，这有很大难度。当前生产上种植密度普遍偏低，据对湘油15号多丘块的调查，平均种植密度每公顷只有99282株，因此平均产量只有2002.5千克。建议各地今后适当提高种植密度，这是提高油菜单产最经济有效的一项措施。

四、冬油菜直播栽培

（一）北方冬油菜栽培模式

以往认为，我国冬油菜生产北线在N 40°以南地区，但随着北方冬油菜育种和栽培方面取得的成就，我国冬油菜的北线已北移至N 48°左右，包括新疆、甘肃、宁夏、内蒙古、黑龙江等省（区），预计可栽培面积约1000多万亩。这一地区海拔1700～2000米，极端最低气温－30 ℃左右，年降水量250毫米以上，土层较厚，中壤，质地好，含盐量低于0.2%，耕层有机质含量0.7%～2.5%，碱解氮30～60微克/克，速效磷5～8微克/克，速效钾1.3～2.6微克/克。北方冬油菜采用露地机播种植，亩产可达200千克左右，高产的可达250千克左右（产量结构为：每亩保苗4万～6万株，单株角果50～100个，每果18～20粒，千粒重3克）。其主要栽培技术如下。

1. 整地及施肥

播前及时灌泡茬水，待土壤宜作业时耕翻耙地，使土壤平整，上虚下实，墒情充足。每亩施农家肥4～5立方米、纯氮10～13千克、纯磷8千克（合尿素20～25千克，过磷酸钙40～55千克），硼砂0.25～0.3千克。磷肥和硼肥全部作底肥，氮肥1/2作种肥，1/2作追肥。

2. 品种及播种

以陇油6号、陇油7号、陇油8号为主栽品种，搭配陇油9号等，这些品种冬性强，可耐－30 ℃低温，全生育期300天左右（其中越冬期140天左右）。种子纯度、净度不低于98%，发芽率不低于95%。播前要精选种子，并做发芽试验，及时用乐斯本、灭幼脲拌种，以防黑缝叶甲；农用链霉素、菜丰宁粉剂拌种，以防软腐病。在小麦、胡麻等收后抢墒播种。

播种量：以亩保苗4万～6万株计算，如千粒重3克，出苗率80%，亩播量为0.25～0.3千克。播种期以8月10日至17日最佳，最迟为8月20日。机播，行距20厘米，播深3～4厘米，播后及时耙耱保墒。

3. 田间管理

出苗后3片真叶时间苗，5片真叶时定苗。苗期和返青后各中耕1次。越冬前灌水1次，次年返青后抽薹期灌水2次，终花期灌水一次，冬前和返青期结合灌水施氮肥。注意防治软腐病和蚜虫，蚜虫可用40%乐果乳油防治。

4. 收获

当油菜角果70%左右蜡黄时收获，割倒后堆放，经5～7天后熟后脱粒。

（二）南方冬油菜栽培模式

2008年，湖南油菜实收面积为100万公顷；2009年，油菜播种面积为126万公顷。2008—2009年，湖南农业大学油料作物研究所联合湖南省农业厅粮油处及地方县（市）农业局粮油主管部门，在全省8个县（市）开展油菜高产创建活动，每县种植面积606.7公顷，平均产量达2209千克/公顷。本研究对高产田块的产量及其形成特点进行分析。

1. 材料与方法

（1）材料

供试油菜品种：湘杂油763、湘杂油753由湖南农业大学油料作物研究所提供；华杂8号、华杂9号由华中农业大学提供；希望98由湖北省种子集团有限公司提供；0801由湖南省农业科学院作物研究所提供。

（2）栽培方法

试验在湖南省浏阳、衡阳等8个县（市）进行。高产创建活动包括育苗移栽和稻田机械栽培试验。育苗移栽试验于2008年9月10日左右播种育苗，10月中旬移栽（6～7片叶）。稻田机播机收试验分3期播种（第1期10月5日播种；第2期10月15日播种；第3期10月25日播种），每期0.33公顷连片。栽培管理措施按常规油菜田大田管理，并结合当地高产栽培经验进行。机械播种采用2BYF6型油菜联合播种机，收割采用4YC200油菜联合收获机。

（3）测定项目及方法

在油菜生长期间分别对冬前苗（1月上旬）、盛花期（3月中旬）和成熟期（4月下旬）植株型态指标（株高、绿叶数、总叶数、最大叶长宽、第一片无柄叶长宽、10厘米以上分枝数、一次分枝数、主茎总节数、密度、角果数、每果粒数、千粒重、干物质量）进行调查。收获时分田块（共27块）测产。试验田块的基本信息见表5-8。

（4）数据分析方法

数据分析采用Excel 2003；方差分析采用DPS。

表 5-8 油菜试验田块基本信息

田块编号	地点	种植方式	供试品种	面积/公顷	每公顷密度/株	产量/(千克/公顷)
1	浏阳	9月8日机播，10月12日移栽	湘杂油763	0.15	145073	2783
2	浏阳	10月5日机播	湘杂油753	0.11	435225	2832
3	浏阳	10月15日机播	湘杂油753	0.17	390195	2484
4	浏阳	10月25日机播	湘杂油753	0.20	355185	2178
5	衡阳	9月14日机播，10月14日移栽	湘杂油763	0.96	187500	2580
6	衡阳	10月5日机播	湘杂油753	0.36	337500	2445
7	衡阳	10月15日机播	湘杂油753	0.36	351000	2391
8	衡阳	10月25日机播	湘杂油753	0.36	355500	2298
9	芷江	9日13日机播，10月20日移栽	湘杂油763	0.09	126255	2799
10	芷江	10月5日机播	湘杂油753	0.83	278760	2180
11	芷江	10月15日机播	湘杂油753	0.69	338760	2108
12	芷江	10月25日机播	湘杂油753	0.54	187500	653
13	安乡	9月7日机播，10月12日移栽	湘杂油763	0.11	120000	2898
14	安乡	10月5日机播	华杂8号	0.25	338625	2675
15	安乡	10月15日机播	华杂9号	0.21	327675	1629
16	安乡	10月25日机播	湘杂油763	0.17	187620	732
17	澧县	9月9日机播，10月10日移栽	湘杂油763	0.10	126600	3030
18	澧县	10月5日机播	湘杂油763	0.13	226500	2745
19	澧县	10月15日机播	湘杂油763	0.13	306000	2055
20	澧县	10月25日机播	湘杂油763	0.15	355500	1785
21	桃源	9月10日机播，10月10日移栽	湘杂油763	0.07	133395	3153
22	桃源	10月5日机播	湘杂油753	0.17	354855	2615
23	桃源	10月15日机播	湘杂油753	0.12	399885	2442
24	桃源	10月25日机播	湘杂油753	0.20	504615	1548
25	南县	10月15日机播	0801	0.23	565275	2028

续表

田块编号	地点	种植方式	供试品种	面积/公顷	每公顷密度/株	产量/(千克/公顷)
26	南县	10月15日机播	希望98	0.45	470235	2532
27	泸溪	9月15日机播，10月25日移栽	湘杂油763	0.12	90195	3260

2. 结果与分析

产量为2850千克/公顷以上、平均产量为3084千克/公顷的4个田块油菜均为育苗移栽，其主要高产栽培措施为：①9月7日至9月15日播种，重视培育壮苗，10月10日至10月25日移栽。②保持大田土壤肥力中等，做到精耕细整地。③施45%高效复合肥450～750千克/公顷，加15千克/公顷硼肥做底肥，苗期适当追施尿素；或施优质农家肥15000千克/公顷、25%复合肥375千克/公顷，加15千克/公顷硼肥做底肥，苗期适当追施尿素150～225千克/公顷。④适当增加种植密度，以每公顷12万株为宜，一穴单株或双株。⑤加强油菜田间管理，播种后适当灌水，苗期防虫2～3次，施用烯效唑培育壮苗，移栽前和冬前除草，盛花期后防治菌核病。产量为2589千克/公顷左右的田块中，有5块为机播机收田，其主要高产栽培措施为：播种前用草甘膦除草，10月5日左右用2BYF6型联合播种机播种，播种量3.75千克/公顷，播种后适当灌水，每公顷成苗密度为22.5万～45.0万株；对土壤肥力中等以上田块，施用45%高效复合肥450千克/公顷、尿素90千克/公顷，硼肥15千克/公顷做底肥（随播种施入），对土壤肥力较低的田块在油菜苗期追施尿素225千克/公顷、硼肥15千克/公顷，苗期防治蚜虫，花期防治菌核病，完全成熟后机械收获。

3. 讨论

油菜传统栽培方法成本很高，每公顷用工数按180个计，每个工按50元计，用工费需9000元，加上种子（120元）、复合肥（1200元）、除草剂（105元）、灌水（150元）、治虫（120元）等成本，总计需10695元，而机播机收、适度管理的栽培方式每公顷用工按30～45个计，用工费仅为1500～2250元，外加机播（375元）、机收（750元）、化学催熟（60元）等项费用（其他费用与传统栽培方法一致），总生产成本仅需4380～5130元。综合分析可知，油菜田机播机收的栽培方式可提高劳动生产率，节约大田生产成本。

（三）冬油菜典型高产丘块示例

1. 地点

湖南省泸溪县浦市镇的长坪村，户主：王宋来，2008—2009年种3.2亩油菜，亩产217.3千克的品种为湘杂油763。前作为水稻，土壤肥力较好，苗床150平方米，耕翻耙平后，按1.77米宽分厢开沟，沟宽27厘米，沟深13.3厘米，厢面保证宽度为1.5米，并开好围沟。

2. 育苗

每亩苗床用猪牛粪肥750～1000千克。磷肥20千克，混合拌匀堆沤7～10天，施于厢面整平，进行浅耕，再将厢面整平待播。每亩苗床用种800克以内（每亩大田用种不超过100克），先将种子拌5千克左右的河沙，播种要求反复进行2～3次，力求播种均匀，然后每亩苗床用过磷酸钙及草木灰70～80千克均匀撒播盖种，一期2008年9月15日。苗床管理做到及时间苗、定苗。出苗种子叶展开后，将密集苗团疏稀，1～2片真叶时间苗一次，3叶及时定苗，每平方米留苗120株左右，结合匀苗追肥，每匀苗一次追施一次稀粪水。在3叶期亩用15%多效唑40克兑水50千克喷施，促进壮苗。结合间苗及时做好蚜虫及油菜霜霉病的防治。

3. 移栽

在苗龄30天以后、叶龄在6～7叶开始移栽，即10月22日开始移栽，10月25日全部栽完。行株距按照40厘米×23.3厘米移栽，每亩6000～8000株苗。本田亩施农家肥1000千克，复合肥25千克加1千克硼肥做底肥。另在始花期亩用硼砂100克兑水50千克进行喷施。

4. 管理

11月20日，根据生长情况，亩施尿素7.5千克，兑水浇施。次年1月10日结合中耕锄草施腊肥，以土杂肥、猪牛粪为主，亩施1000千克，随后培蔸盖肥，防止油菜受冻与肥料流失。春后进行田间的清沟排水，防止渍害。10月5日用敌杀死进行喷施防治蚜虫，10月7日（3叶期）亩用15%多效唑40克兑水50千克喷施，促进壮苗。1月10日油菜单株总节数14.3节，绿叶数8.5片，最大叶长29.1厘米，宽13.5厘米。于3月3日始花，3月15日进入盛花期。此时株高153厘米，第一片无柄叶长36.6厘米，宽13.8厘米，主茎绿叶数17.8片，主茎20厘米，主茎粗2.1厘米，根颈粗2.78厘米，10厘米以上分枝13个，单株地上鲜重613克，单株地下鲜重91克。

5. 收割

当全株2/3呈黄绿色，种皮呈微黑褐色时，即5月10日进行收获。5月20日脱粒。油菜株高185厘米，有效分枝数22.4个，单株角果数平均625.6个，主花序角果数80个，角果较长大，每角粒数21.3粒，千粒重3.8克。田间表现菌核病、病毒病发病较轻。

五、春油菜的栽培

我国北部和西北部栽培的春油菜，年播种面积1000多万亩，占全国油菜总面积的10%左右，亩产75～80千克。春油菜主要分布在气候冷冻无霜期短的高海拔高纬度地区。种植面积较大的有青海、新疆、甘肃、内蒙古、黑龙江等省（区）。除青海以白菜型油菜为主，新疆以芥菜型油菜为主外，其他地区均以甘蓝型油菜为主。

春油菜生长发育特点：一是生长发育迅速，生育期短。全生育期最短的仅60天，一般100～120天。2～4叶期开始花芽分化，6～8叶期即可现蕾，开花至成熟仅40多天。二是植株个体小，生产力较低。春油菜主茎总叶数仅20多片，株高80～120厘米，一次有效分枝数3～5个，单株结角果 50～150 个，单株产量较低。但当地昼夜温差大，历时较长，因而种子千粒重、含油量常比冬油菜高。此外，春油菜栽培技术的主要特点是：春油菜均为一年一熟制，采取直播栽培、机械种植，劳动生产率相对较高。

（一）选用早熟高产的春油菜品种

在春油菜区自 1978 年引入“双低”油菜品种以来，至今已占相当比重，今后应选用更早熟、高产、优质、适于机械化栽培的“双低”油菜品种和杂种，并要求品种纯度高，种子播种品质好，实现丸衣化。

（二）注意轮作，精细整地

种春油菜土地应注意与麦类、玉米等作物，以及休闲地进行轮作，每 3 年左右轮换一次。在土壤耕作上做到早、深、碎、平、实。在播种前必须要行镇压作业，以保墒提墒和控制播深。播种后也要及时镇压不过夜，否则出苗慢而不齐。春油菜常采用起垄栽培，一般进行秋起垄，在伏秋整地的基础上，入冬之前起好垄，同时把底肥夹施在垄体中，这样墒情好，地温高，垄体上松下实，有利于油菜生长。

（三）适时早播，增加密度

适时早播可以充分利用生长季节，促进株壮早熟。油菜种子发芽的最低温度一般在 3 ℃以上，但播种至出苗所需时间则随温度递升而明显缩短，当日气温在 2.5 ℃～4 ℃时，播后需 20 天左右出苗；气温 5 ℃～8 ℃时，需 8～10 天。春油菜以日平均气温回升稳定在 2 ℃～4 ℃时即可播种，过早播种出苗不易整齐。一年一熟地区可在气温稳定 5 ℃左右时播种。如果延误播期，可以催芽播种。春油菜个体生产力低，一般以主轴和少数大分枝的角果实构成产量，所以要比冬油菜加大密度，扩大群体，才能高产。每亩密度高肥地可提高到 3.5 万～5 万株，低肥水平 8 万～10 万株。西北小油菜体形更小，每亩密度可提高到 10 万～20 万株。

（四）提高播种质量，争取苗早苗齐

春油菜可采用窄行条播，使种子入土深浅一致，达到苗全苗齐。不能条播的也可撒播。条播的行距10～15厘米，每亩用种量根据留苗密度与土壤情况决定，一般0.25～0.5千克。遇冬春干旱，小雨时要抢墒播种，或争取“三湿”（地湿、种湿、粪湿）播种，使种子早吸水萌动出苗，力争早苗。

（五）早施肥料，狠促“一轰头”

春油菜生育期短，为了保证早发快长，施肥要早。基肥腊施，带肥下种，追肥狠促“轰头”。基肥如猪灰、堆肥等可在冬季结合冬耕施肥，以加快分解，腊施春用。播种时拌和肥料，带肥下种，或在播种时浇盖子粪，都有利于幼苗生长。追肥要早施，以化肥和腐熟粪尿为宜，第一次在齐苗后施。抽薹前要结束追肥，防止追肥过晚，贪青迟熟。

（六）注意灌溉，满足需水

油菜的蒸腾系数为337～912，田间耗水系数为1750～2500，萎蔫系数为6.9～12.2。在亩产200千克条件下，全生育期总耗水量在400～860毫米。春油菜苗期耗水占20%左右；薹花期耗水强度大，占总耗水40%～50%；结角期耗水强度下降，为30%左右。可见薹花期是油菜一生中水分敏感期。所要求适宜田间土壤持水量在种子萌发出苗期为60%～70%，苗期为70%～80%，薹花期为70%～80%，结角期为60%～80%。关于春油菜的灌溉经验有“头水晚，二水赶，三水满”的说法。所谓头水晚灌以不影响花芽分化需水为准；二水要赶上现蕾抽薹需水；三水要满足开花需水。

（七）早培早管，防御灾害

春油菜在早春低温时播种，出苗期长，为了保证苗早苗齐，在春旱和寒流影响下，要注意春灌窨墒（沟下浸水）保持土壤湿润。齐苗后即可间苗，一次定苗。如当地虫害严重，有缺苗可能时，则可在三叶期定苗。春油菜虫害严重，病害相对较轻。发生普遍且危害严重的害虫，苗期有黄条跳甲，开花结角期有蚜虫，角果发育期有潜叶蝇等。病害主要是霜霉病、白锈病等。因此，在油菜的一生中都要注意病虫草害发生情况，及时防治。

第六章　油菜的病虫草害防治

一、油菜病害及其防治

我国油菜病害已知的有 18 种，其中分布面广、危害严重的主要是菌核病，其次是病毒病；分布面广而危害较次的有霜霉病，分布面较窄而危害严重的有白锈病等。

（一）油菜菌核病

油菜菌核病是世界性油菜病害，在所有油菜产地包括我国 26 个省（市、区）均有发生，长江流域冬油菜产区油菜菌核病危害十分严重，一般发病率为 10%～30%，严重者可达 80%以上，减产 10%～70%，油分降低 1%～5%。

1. 症状识别

油菜地上部各器官组织均可感病，但以开花结果期发病最多，茎部受害最重。苗期病斑多发生在地面根茎相接处，形成红褐色病斑，后变枯白色，组织湿腐，上生白色菌丝，后形成不规则形黑色菌核，幼苗死亡。成株期下部老叶先发病，病斑圆形或不规则形，暗青色水渍状，中部黄褐色或灰褐色，有同心轮纹。茎枝感病时，病斑长椭圆形、菱形、长条形，稍凹陷，浅褐色水渍状，后变白色。潮湿时感病部位软腐，表面生白霉层，后生黑色菌核。病害晚期茎表皮破裂，茎髓被蚀空，内生许多黑色鼠粪状菌核（图 6－1）。花受害后，花瓣褪色。角果感病生无定形白色湿腐状病斑，常长有菌丝，角果内外都能形成菌核，但较茎内菌核小。种子也能感病。

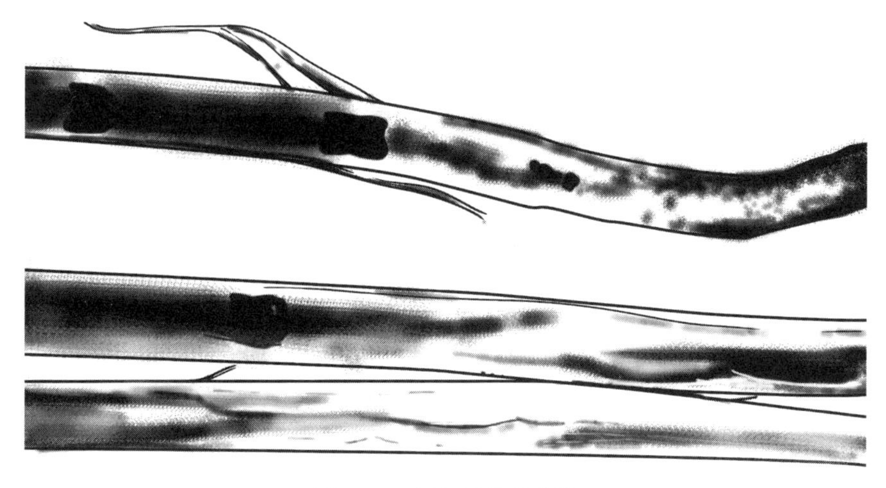

图 6－1 黑色鼠粪状菌核

2. 发生规律

病原菌以菌核在土壤、病株残体、种子中间越夏（冬油菜区）、越冬（春油菜区）。菌核萌发产生菌丝或子囊盘和子囊孢子，菌丝直接侵染幼苗。子囊孢子随气流传播，侵染花瓣和老叶，染病花瓣落到下部叶片上，引起叶片发病。病叶腐烂依附在茎上，或菌丝经叶柄传至茎部引起茎部发病。在各发病部位又形成菌核。菌核经越夏、越冬后，在温度 15 ℃条件下萌发，形成子囊盘、子囊和子囊孢子。子囊孢子侵入寄主最适宜温度为 20 ℃左右。如果油菜开花期与菌核病菌子囊盘发生期吻合，开花期和角果发育期降水量多、阴雨连绵、相对湿度在 80％以上均有利于病害的发生和流行；偏施氮肥、植株生长旺盛、地势低洼、排水不良等情况下发病都较严重；甘蓝型油菜比芥菜型油菜、白菜型油菜抗病。

长江流域冬油菜区一般在 3—4 月油菜花期严重发病，茎枝感染造成收获前植株或分枝死亡。在黑龙江春油菜区，菌核病病菌子囊盘于 6 月中旬始见，子囊盘数量与 3 天内大气平均相对湿度呈正相关，与 3 天内平均气温呈负相关。大气中病菌孢子于 6 月中旬始见，7 月中下旬出现高峰期。花朵于 6 月下旬开始发病，7 月上旬出现发病高峰期。花朵带病率与 3 天内的相对湿度和日照时数显著相关。叶片于 7 月初开始发病，7 月中旬达到高峰期，以后逐渐下降。茎枝于7月上旬开始发病，为土表菌核直接侵染造成，发病率低，增长慢，7月下旬快速增长（为病叶再侵染造成）直至收获。

3. 防治方法

（1）选用抗（耐）病品种

如湖南农业大学育成的“双低”油菜品种湘油15号，经苗期菌丝块接种鉴定和花期带菌牙签鉴定证明其高抗菌核病。中国农科院油料作物研究所育成的“双低”油菜新品种中双9号也高抗菌核病。经大田自然侵染鉴定，中双9号平均菌核病发病率为13.31%，比对照中油821降低28%，病情指数为6.47，降低36%。经离体叶菌丝接种鉴定，中双9号病斑面积仅为4.709平方厘米，显著小于中抗品种中油821（5.933平方厘米）；经牙签接种鉴定，中双9号病斑扩展长度仅为1.275厘米，极显著小于中抗品种中油821（1.943厘米）。因为油菜花瓣高含糖分，是菌核病菌的天然培养基，如果油菜没有花瓣，菌核病菌失去了养分来源，不能快速生长繁殖，降低了传播速度，因此，选育和利用无花瓣油菜品种是防治菌核病的一条重要途径。

（2）农业防治

水旱轮作（油—稻轮作、油—稻—稻轮作），适当晚播，合理密植和施肥，深沟高厢，排渍除湿。春后清沟排水，清除基部老黄叶。

（3）化学防治

在初花期和盛花期各喷药一次，可选用的药剂有65%万霉灵WP、50%腐霉利WP、戊唑醇、75%甲基托布津、65%代森锰锌、10%双效灵、58%甲霜灵锰锌、50%多菌灵、5%百菌清、50%速克灵可湿粉100倍液、50%福美双800倍液、50%扑海因可湿粉1000倍液、27%快得净可湿粉600～800倍液、7%快得净（多菌灵+烯唑醇）可湿性粉剂、25%咪鲜胺乳油2000倍液。

（4）生物防治

细菌 CHB101 对菌核病菌的生长具有明显抑制作用，被抑制菌核菌菌丝壁溃解、细胞质浓缩和外渗，菌丝侧面形成小型分生孢子。盾壳霉和 CBS148.96 对油菜菌核病菌有抑制作用，适用于油菜菌核病的生物防治。

（二）油菜病毒病

油菜病毒病是一种普遍发生且危害严重的病害，全国各油菜产区均有不同程度发生，以冬油菜区较为普遍。一般造成减产 20%～30%，严重者在 70%以上，种子含油量降低 7%，致使油菜的产量下降，品质变劣，含油量降低。

1. 症状识别

油菜类型不同，表现症状也不相同。白菜型和芥菜型油菜的症状主要是皱缩明脉花叶型和矮化型。甘蓝型油菜病毒病苗期主要症状有枯斑、花叶和僵叶三种，成株期主要症状有条斑和环斑（图 6－2）。苗期枯斑症先在老龄叶片上出现，主要是点状枯斑，其次是黄色枯斑多发生在老龄叶片上，前者为黑色小点，直径 0.5～3 毫米；后者病斑较大，直径 1～5 毫米，黄色，在叶上散生。枯斑症常伴随有叶脉坏死，使叶片皱缩、畸形。苗期僵叶症在叶上产生大型无定形黄褐色病斑，病斑略凹陷，有光泽，病部叶脉纵向密集，使叶片局部皱缩畸形，病部下表皮常与叶肉分离。病斑多自植株中部叶片显症，而后发展至新叶。花叶型症状与白菜型油菜相似，苗期先从心叶显症，叶脉半透明，叶色黄绿相间，成为花叶，色泽暗淡，植株矮小畸形，花果丛集，角果扭曲，上有细小的黑褐色斑点，角粒数减少。条斑症是在茎、枝的一侧产生黑色、黑褐色或褐色长条形病斑，有的有光泽，病斑长度为宽度的 10 倍以上，最长者可自茎直达植株顶部，一株上可产生一至数个条斑，位于病斑同侧的分枝及角果常枯死，甚至全株枯死。环斑症多发生在主茎上，病斑无定形环状，绝大多数由同心环纹组成，环纹有的为连续性的淡褐色至黑褐色色带，有的是为数众多的小黑点。病斑大小不等，小的长不足 1 厘米，大的长可达 10 厘米左右。在同一株上，常产生多数环斑，相互连接或独立分布，使茎秆呈花斑状。

图 6－2　油菜病毒病症状

2. 发生规律

本病由芜菁花叶病毒（TuMV）、黄瓜花叶病毒（CMV）、烟草花叶病毒（TMV）和油菜花叶病毒（YMV）等病毒单独或复合侵染所引起。芜菁花叶病毒和黄瓜花叶病毒主要通过 3 种蚜虫（萝卜蚜、桃蚜、甘蓝蚜）非持久性传毒，病毒汁液也可传病。有翅蚜虫飞到病株上吸汁液约 5 分钟即可获毒，再飞到健株上吸汁液不足 1 分钟，便可传毒致病（图 6－3）。但吸毒后经 20～30 分钟，传毒力即消失。冬油菜区的毒源蚜虫在十字花科蔬菜、自生油菜和一些杂草上越夏，夏季气温和降雨通过影响传毒蚜虫量和毒源发病量而影响油菜发病量，秋季首先由蚜虫传播到早播十字花科蔬菜如萝卜、大白菜等上，然后再传到油菜上侵染危害。蚜虫迁飞和病害发生的适宜气温为 15 ℃～25 ℃，超过 25 ℃或低于 8 ℃对两者都不利。冬季病毒在病株体内越冬。来年春季上旬均气温上升到 10 ℃以上时，病株上症状逐渐显现出来，在终花期前后达到高峰。一般油菜苗期蚜虫迁飞多、春季温暖干旱有利于蚜虫繁殖活动，发病重；早播地、靠近蔬菜地（主要是萝卜、大白菜等），或附近杂草丛生田，发病重；甘蓝型油菜发病轻，较抗病，早熟油菜较感病。

3. 防治方法

（1）选用抗病品种

一般甘蓝型油菜比芥菜型、白菜型油菜抗病性强，且产量高。因此，要尽可能地推广种植甘蓝型油菜，并选用在当地推广的抗性较强的品种。

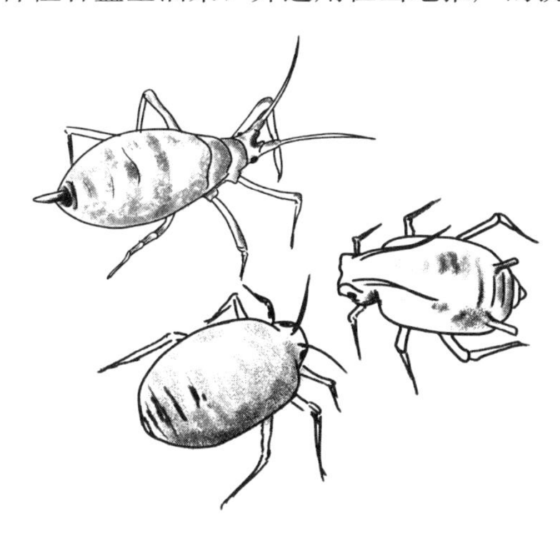

图 6-3　传播油菜病毒病的蚜虫

（2）农业防治

适时播种，加强苗期管理。北方冬油菜区和长江流域冬油菜区应根据当地气候特点、油菜品种特性及油菜蚜虫发生情况来确定适宜播种期，既要避开蚜虫发生盛期，又要防止播种过迟造成减产。集中育苗，苗期要勤施肥，不偏施氮肥；及时间苗，剔除病苗；遇干旱及时浇水，促使油菜生长健壮，增强抗病能力。

（3）治蚜防病

病毒病主要是蚜虫传播，因此，防治蚜虫就是防治病毒病的关键。播前应对苗床周围的十字花科蔬菜及杂草上的蚜虫进行防治，以减少病毒来源；苗床及直播油菜出苗后，倘若遇干旱就要开始喷药治蚜。

（4）化学防治

可用 20%病毒 A 500 倍液喷雾，每亩喷药液 40 千克，每 10 天喷一次，连续 2～3 次。用国家专利产品 99 植宝 300～500 倍液喷雾 2～3 次，大田防治效果在 85%以上。

（三）油菜霜霉病

霜霉病在全国各地油菜产区均有发生。三种油菜类型中，白菜型油菜发病最重，芥菜型油菜次之，甘蓝型油菜最轻。一般发病率为 10%～30%，严重时达 80%以上，种子含油量降低 0.3%～10.7%。

1. 症状识别

油菜地上部分各器官均可发病，各生长发育阶段均可表现症状。子叶发病产生褪绿斑，叶背生霜状霉丝。真叶发病初始褪绿，产生淡黄色斑点，边缘不清晰，后扩大成黄褐色，为叶脉所限，成为不规则形角斑，叶背病斑处常生霜状霉丛，严重时全株枯黄、脱落。病叶由底叶渐向植株中、上层叶片发展，薹茎和花序也发病。薹茎初生褪绿斑点，后扩大成不规则形黄褐色至黑褐色病斑，病斑上产生霜霉。花色较深，提前凋萎脱落。花梗颜色加深带有紫色，有时膨大不结果，形成“龙头”，常与白锈病并发（图 6－4）。角果感病产生褐色不规则形病斑，严重时角果萎缩、弯曲、枯黄、易裂，潮湿时上生霜霉。

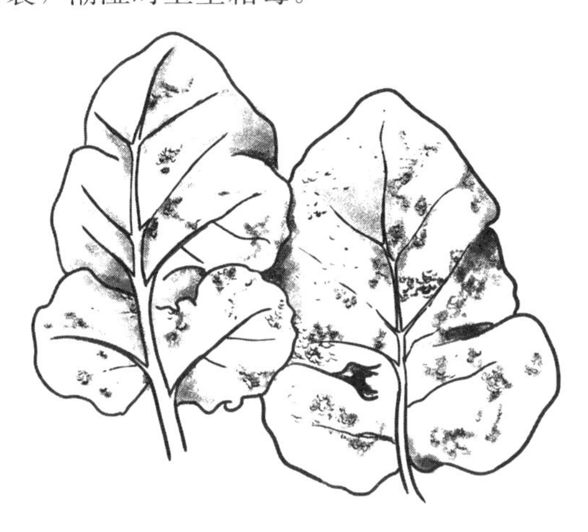

图 6－4　油菜霜霉病症状

2. 发生规律

霜霉病病菌只侵害十字花科植物，孢子囊形成的适宜温度为 8 ℃～12 ℃，萌发温度为 3 ℃～25 ℃，以 7 ℃～13 ℃为适宜温度，但必须在水滴中或 98%以上的相对湿度下才能萌发。侵染温度为 7 ℃～15 ℃。卵孢子形成的适宜温度为 10 ℃～15 ℃，湿度为 70%～75%；萌发温度与孢子囊一致。病原菌以卵孢子在病株残体上、土壤中越夏。秋季卵孢子萌发，侵染秋播幼苗。冬季温度下降至 5 ℃以下时，病菌以菌丝或卵孢子在寄主病组织内越冬。来年气温回升至 10 ℃左右，病组织上又产生孢子囊传播再侵染，引起花序、花器、角果等部位发病。冬油菜区秋季、春季霜霉病发生较重。一般氮肥施用过多、过迟，或株间过密、郁闭湿度大发病加重；地势低洼、排水不良、田间湿度大发病加重；早播比晚播发病重。

3. 防治方法

（1）选用抗病品种

现在很多推广的甘蓝型油菜品种具有较强的霜霉病抗性，选用大面积推广品种替代老品种就可能减轻霜霉病的危害。

（2）农业防治

清沟高厢，排渍防湿。在秋雨、春雨多的年份更应如此。

（3）化学防治

在发病前可用可杀得、铜大师、65%代森锰锌可湿性粉剂 500～600 倍液、达科宁、硫酸铜、0.5%波尔多液等预防，在发病后可用 58%甲霜灵、锰锌可湿粉剂 500～600 倍液、苯霜灵、霜霉威、克露、64%杀毒矾可湿粉剂 500 倍液等防治。每亩用乙腾铝农药废液 300 升，对油菜霜霉病防治效果可达 90%以上。

（四）油菜白锈病

白锈病广泛分布于冬油菜区，春油菜区部分省区也有发生。以云贵高原和华东地区发病较重。流行年份发病率达 10%～50%，减产 5%～20%，含油量降低 1.05%～3.29%。

1. 症状识别

油菜各生长发育阶段的地上部各器官均可感病。叶片表面初生淡绿色小斑点，后变为圆形黄色病斑，叶背面病斑处长出白色疱斑，疱斑破裂后撒出白粉（图 6－5）。叶上病斑零星分散，严重时密布全叶，使叶片枯死。茎和花梗的幼嫩部分感病后肿大、弯曲、呈“龙头”状。花器受害后花瓣畸形、膨大、变绿呈叶状、久不凋落，也不结实。茎、枝、花梗、花器、角果和肿大变形部分均可长出白色疱状病斑，但疱斑形状不及叶斑规则。

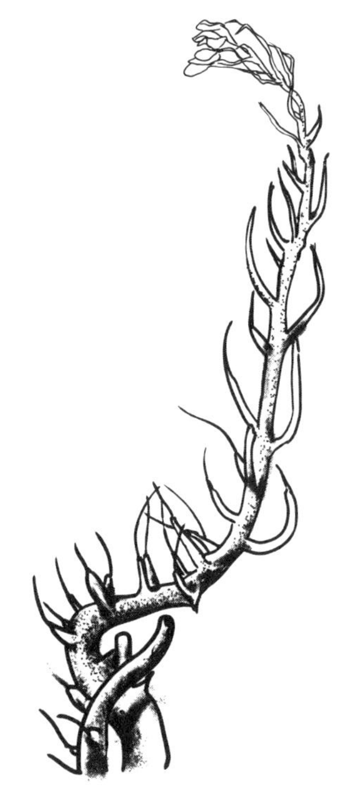

图 6－5　油菜白锈病症状

2. 发生规律

白锈病病菌只危害十字花科植物，孢子囊形成以 7 ℃～13 ℃较适宜，萌发的温度范围为 0 ℃～25 ℃，以 10 ℃左右较适宜。侵染的适宜温度为 10 ℃～18 ℃，但必须在水滴中才能萌发，相对湿度低于 80%很快就脱水干瘪。病原菌以卵孢子在病株残体上、土壤中和种子上越夏、越冬。秋播油菜苗期卵孢子萌发产生游动孢子，借雨水溅至叶上，在水滴中萌发，从气孔侵入，引起初次侵染。病斑上产生孢子囊，又随雨水传播进行再侵染。冬季以菌丝或卵孢子在寄主组织内越冬。油菜 5～6 片真叶期和抽薹开花期容易感病。据研究，在拉萨河谷地区 5—8 月是油菜白锈病的发生与流行阶段。5 月出现零星病株，6 月田间开始普发，6 月下旬至 7 月中旬发病率猛增，病情指数急骤上扬，病害出现大流行。花、角果、茎、叶均出现病斑或病症，且发病级值增高，对油菜产量和品质的影响极大，7 月下旬以后，受病害侵染部位出现腐烂，后随着油菜的收获，病菌的休眠菌丝体或卵孢子在病组织内越冬，于翌年油菜播种出苗后，又开始新的一轮循环。6—7 月平均气温高，夜间湿度大，日差较小，阴雨寡照和空气湿度大，有利于白锈病的发生发展。提高地表温度，可减轻白锈病的发生发展。

3. 防治方法

（1）选用抗病品种

三种类型油菜中，芥菜型油菜抗病性最强，甘蓝型油菜次之，白菜型油菜病害最重。但每一类油菜都有抗病品种可供选择利用。

（2）农业防治

与水稻或非十字花科作物轮作；合理施肥，防止油菜贪青倒伏；春季注意清沟防渍，降低田间湿度。

（3）化学防治

可选用 58%瑞毒霉可湿性粉剂 200～400 倍液、40%灭菌丹可湿性粉剂 500～600 倍液、1∶200 波尔多液等喷施。

二、油菜虫害及其防治

我国油菜害虫有 100 多种，各油菜区的虫种和危害情况差别较大。下面择几种油菜最常见的虫害及其防治方法作简要介绍。

（一）蚜虫

危害油菜的野虫主要有萝卜蚜、桃蚜和甘蓝蚜三种，萝卜蚜和桃蚜在我国各省、市（区）普遍发生。这三种蚜虫在油菜上常混合发生。油菜苗期蚜虫以针状口器在叶背面或菜心中刺吸汁液，使叶片卷缩，生长迟缓、停滞，严重时全株枯死。油菜抽薹以后，蚜虫多集中在嫩茎、花序上，受害部分生长停滞，畸形发育，开花结果数减少或不结果，甚至全株枯死。油菜生长后期遭受蚜虫危害后，会引起千粒重明显下降，最高达 44.29%。蚜虫危害时还传播病毒病，造成更大的损失。

1. 形态特征

萝卜蚜有翅胎生雌蚜体长 1.6～1.8 毫米，被稀少白粉，头和胸部黑色，腹部黄绿至绿色，额瘤隆起，触角第 3～6 节有感觉圈，第 3 节 17～26 个，不规则排列；腹部 7～8 节背面有黑横带；腹管短，稍长于尾片，圆筒形，中后部略膨大，末端缢缩如瓶颈；尾片圆锥形，较短。无翅胎生雌蚜卵圆形，体长 1.7～1.9 毫米，黄绿至深绿色，被少量白粉；触角短，约为体长之一半，无感觉圈；腹部各节背面有浓绿色横带；额瘤、腹管、尾片似有翅型。

桃蚜有翅胎生雌蚜体长 2 毫米左右，头和胸部黑色，腹部黄绿、赤褐、褐色，体不被白粉；额瘤显著，内倾；触角第 3 节、第 5 节和第 6 节有感觉圈，第 3 节 9～17 个，排成行；腹部背面有一大黑斑，位于第 3～5 腹节上；腹管很长，长于尾片长度 1 倍以上，长圆筒形，端部具瓦片纹；尾片指状，较长。无翅胎生雌蚜长卵圆形，体长 1.8～2 毫米，黄绿、赤褐、青黄色等，不被白粉，触角长，略与体长相等，仅第 5 节、第 6 节各有感觉圈 1 个；腹部背面无色带和背斑；额瘤、腹管、尾片似有翅型。

甘蓝蚜有翅胎生雌蚜体长 2.2 毫米左右，头和胸部黑色，腹部黄绿色，体被白粉；额瘤稍隆起，不明显；触角第 3 节、第 5 节和第 6 节有感觉圈，第 3 节 37～49 个，不规则排列；腹背有数条暗绿色横带；腹管很短，略短于尾片长度。无翅胎生雌蚜纺锤形，体长 2.5 毫米左右，暗绿色，厚被白粉；触角短，略为体长的一半，无感觉圈；腹部各节有断续横带；额瘤、腹管、尾片似有翅型。

2. 发生规律

桃蚜食性极杂，寄主范围广，从北到南一年发生代数在 10～40 代；萝卜蚜和甘蓝蚜属寡食性害虫，主要危害十字花科植物，有趋嫩习性。从北到南随气温增高发生代数增多，萝卜蚜一年可发生 10～40 代；甘蓝蚜一年发生 10～20 代。黑龙江春油菜田有翅蚜始见于 5 月中上旬，在油菜整个生长发育期共有 4 次迁飞高峰，出现于 6 月上旬至 7 月上旬，无翅蚜始见于 6 月中旬，高峰期在 6 月末至 7 月上旬，以后逐渐下降，蚜虫数量消长与日平均温度、空气湿度、降雨量及油菜生长期等有关。在华北地区，萝卜蚜和甘蓝蚜以卵在贮藏的蔬菜上越冬，桃蚜以卵在桃枝上越冬。秋季油菜播种时正是萝卜蚜和桃蚜迁移扩散盛期。一般是萝卜蚜先迁入，桃蚜后迁入，萝卜蚜发生量多于桃蚜，秋季多雨时桃蚜可超过萝卜蚜。冬季萝卜蚜群集在油菜的心叶上，桃蚜则分散在近地面的油菜叶背面。翌年春季油菜抽薹后这两种蚜虫集聚在主枝的花蕾内危害，以后分散到各分枝的花蕾和角果上为害，春末夏初数量剧增，入夏减少，秋季密度又上升。太湖地区蚜虫主要发生种类有萝卜蚜和桃蚜，苗期以萝卜蚜为主，结荚期则以桃蚜为主。干旱年份发生重，早播油菜受害重；瓢虫、食蚜蝇、草蛉和蚜茧蜂等天敌对蚜虫有较强的抑制作用。

3. 防治方法

（1）农业防治

浇水防旱。

（2）化学防治

吡虫啉加甲胺磷用药 1 次，用量为 10%吡虫啉 225 克/公顷＋50%甲胺磷 1500 毫升/公顷。药后 15 天内，防效可一直维持在 98%以上；药后 45～70 天防效仍达 95%～97%，整个苗期的蚜害能得到有效控制。乙虫脒防治油菜蚜虫药效高，残效长，且对油菜安全。10%毙蚜虫王乳油和

2.5%功夫乳油对油菜蚜虫的速效性和持效性均较好，药后3天的防效达80%以上，喷药20天后防效仍达85%以上。50%抗蚜威2000倍液喷雾，2.5%溴氢菊酯乳油2500倍液喷雾，40%氧化乐果1500倍液喷雾。每株用1%吡虫啉死虫鉴一根斜插于油菜最低分枝处偏下位置的茎秆髓部，防治效果在90%以上，持续时间达15天。也可用1%阿维菌素乳油4000倍液。注意阿维菌素对蜜蜂有毒，在油菜花期、蜜蜂采蜜时不得施用。油菜盛花期使用蚜虫专用剂“辟蚜雾”防治油菜蚜虫，其效果达97.19%，对蜜蜂安全，蜂产品产量和品质无残毒。冬季油菜蚜虫防治以蚜虱净、甲胺磷等内吸性药剂，在低温环境下效果较好，其用药量及用水量应在常规用量的基础上提高一倍，才能起到较好的防效。

（3）物理防治

利用菜蚜趋黄色的习性，于蚜虫成虫盛期，在田间每亩设计黄色板片2～3块，板长2米、宽1米，板上涂抹凡士林、废机油等黏液或不易干裂的黏稠物，立于田间，捕杀成虫。利用蚜虫对银灰色的负趋性，设置一些银灰色标志，能起到驱避蚜虫的作用。用银粉带进行防蚜研究表明：银灰色标志制作简单，使用方便，成本低廉，能有效地控制旱地蚜虫及其传播的病毒病，增产作用显著，值得推广。

（4）生物防治

瓢虫、蚜狮（草蜻蛉）可抑制蚜虫的危害趋势。西宁地区寄生油菜蚜虫的蚜茧蜂的优势种是菜蚜茧蜂，占83.9%；田间寄生率以桃蚜最高，萝卜蚜次之，甘蓝蚜最低；蚜茧蜂卵的孵化率最高为100%，平均为84.43%；雌、雄比为1.263∶1。应用生物农药千虫克800～1200倍药液喷雾防治油菜蚜虫，药后7天的校正防效达97.9%～99.3%，防治效果显著，可以大面积应用。

（二）菜粉蝶

危害油菜的菜粉蝶在全国各地均有分布，除华南冬油菜区发生较轻之外，其他各产区都很严重。主要在油菜苗期为害。以幼虫取食叶片，咬成孔洞和缺刻，严重时吃光全叶叶肉，仅余叶脉和叶柄，在危害中还可传播软腐病。主要取食十字花科植物，偏嗜甘蓝型油菜和甘蓝类蔬菜。

1. 形态特征

菜粉蝶成虫体长 12～20 毫米，灰黑色。翅白色，基部灰黑色，翅面有黑斑，翅脉上无黑褐色条纹。前翅顶角黑色，构成略呈三角形的黑斑，斑内缘基本平直，外缘向下延伸至第 3 中脉附近；第 3 中脉和第 2 肘脉中下方各有一黑斑。后翅前缘有一黑斑。前后翅底面色斑黑色（图 6－6）。

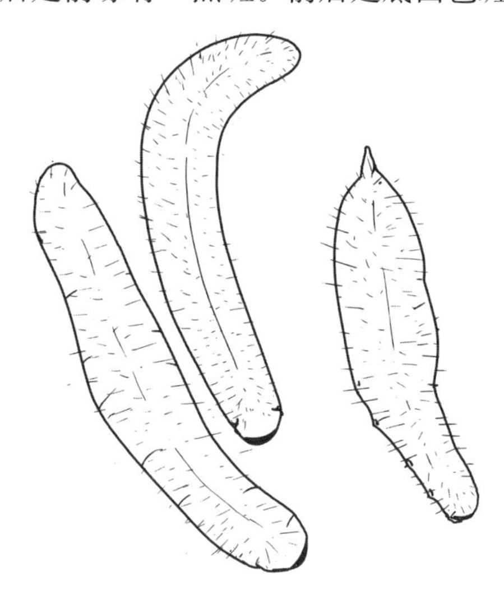

图 6－6　油菜菜粉蝶幼虫（俗称菜青虫）

菜粉蝶卵瓶形，长 1 毫米，宽 0.4 毫米。初产时淡黄色，后变为橙黄色。表面有许多纵、横隆起纹，交叉成长方形网状小格。

老熟幼虫体长 28～35 毫米。头部及胸部背面青绿色，背浅黄色，但不明显。胴部圆筒形，中部略膨大。各节气门线以上部分密生细毛瘤，气门褐色，每节气门线上有 2 个黄斑，一个为环状，围绕气门，另一个在气门后方。

蛹纺锤形，两端尖细。体长 18～21 毫米。体色随附着物而变，有青绿、灰绿、灰黄、灰褐等色。头部前端中央有一管状突起。

2. 发生规律

菜粉蝶适宜的气候条件是：温度 16 ℃～30 ℃（最适 20 ℃～25 ℃），每周降雨 7.5～12.5 毫米，相对湿度 76%左右。一年发生 3～9 代，有春、秋 2 个发生高峰。以蛹在枯叶、墙壁、树缝及其他物体上越冬。次年 3 月中、下旬出现成虫。成虫夜晚栖息在植株上，白天活动，以晴天无风的中午最活跃。成虫产卵和幼虫觅食对含有芥子油糖苷的植物有很强的趋向性，卵散产于叶片背面及正面。幼龄幼虫受惊后有吐丝下垂的习性，大龄幼虫受惊后有卷曲落地的习性。4—6 月和 8—9 月为幼虫发生盛期，发育适温为 20 ℃～25 ℃。

3. 防治方法

（1）利用抗虫品种

湖南农业大学利用苏云金杆菌（Bt）毒蛋白基因转化甘蓝型油菜，已获得稳定的抗菜粉蝶幼虫（菜青虫）转基因油菜品系。菜青虫啃食这种油菜的叶片后，不能消化，最后胀死。

（2）化学防治

应抓住 1～3 龄期用药，苗期 6～8 叶期每 100 株 15 头，6 叶期以前每 100 株 5 头均应用药防治。可用菊酯类农药、辛硫磷、喹硫磷交替使用。也可用 1%阿维菌素乳油 2000 倍液。此外，1000 毫克/升浓度的苦皮藤乳油使菜粉蝶幼虫中毒，幼虫死亡率达 81.53%。苦皮藤乳油与 Bt 混用有明显的增效作用。瑞香亭、伞形花内酯和狼毒色原酮对菜粉蝶 5 龄幼虫都具有较强的生物活性，且随着时间的延长，其生物活性增强。田间使用 21%氯·阿乳油 1000～2000 倍液，药后 7 天幼虫死亡率达 97.8%～100%。

（3）生物防治

每亩用 2000～4000 IU/毫升苏云金杆菌悬浮剂 150～300 毫升或 8000～16000 IU/毫克可湿性粉剂 30～100 克于菜青虫幼虫 3 龄前喷雾处理。嗜线虫致病杆菌（HB310）菌液对菜粉蝶、小菜蛾等幼虫均有较高的胃毒杀虫活性，饲喂蘸有该菌液的叶片 96 小时后，菜粉蝶 1 龄幼虫校正死亡率达到100%。另外可利用赤眼蜂在菜粉蝶卵中寄生杀死菜粉蝶卵。

（4）生物农药防治

水仙鳞茎甲醇提取液（简称NTME，3毫克/毫升）、瑞香狼毒根乙醇提取物（简称SCEE，1.5%）、黄花蒿乙醇浸提物、樟树石油醚浸提物以及乌桕、蓖麻、马桑、小飞蓬、苍耳、板栗等的提取液对菜青虫具有较好的防效。

（5）物理防治

人工捕捉，掐死幼虫。用菜粉蝶活体雌虫装于尼龙网中挂于田间，于其下1厘米处置水盆或毒液诱杀菜粉蝶成虫。用黑光灯或频振式杀虫灯诱杀成虫。

（三）黄曲条跳甲

除新疆、西藏、青海之外，各油菜区均有发生，以秦岭、淮河以北冬油菜区受害最重。黄曲条跳甲属寡食性害虫，主要危害十字花科作物。

1. 形态特征

成虫体长1.8～2.4毫米，黑色有光泽，但无金属色泽（图6-7）。触角11节，第5节最长；第2节、第3节或第1节、第2节均为棕黄色，其余各节黑色，雄虫触角第4节、第5节特别膨大。每鞘翅上有一条弓形黄色纵条纹，此纹外侧凹曲很深。足的胫节基部棕黄色，端部黑色。卵椭圆形，长约0.3毫米，淡黄色。老熟幼虫体长4毫米，圆筒形。头部淡褐色，胸腹部淡黄白色，前胸盾板和腹末臀板淡褐色。胸腹部疏生黑色短刚毛，末节腹面有一乳头状突起。蛹长椭圆形，长约2毫米，乳白色。腹末有一叉状突起。

图6-7　油菜黄曲条跳甲

2. 发生规律

黄曲条跳甲发育和活动温度均在 10 ℃以上，较高的温度是其猖獗发生的必要条件。但温度过高（34 ℃以上）、湿度过低则限制其卵孵化和活动。从北至南，一年可发生数代：黑龙江 2～3 代，山东、河北 3～4 代，宁夏 4～5 代，武汉、上海 4～6 代，江西 5～7 代，广州 7～8 代。在华南油菜区无越冬现象，终年繁殖。在长江流域冬油菜区及其以北地区，成虫在寄主底叶下面、残枝落叶，杂草丛中越冬。翌年春季气温回升到 10 ℃左右时，越冬成虫开始活动。成虫食叶，以幼虫期为害最重。成虫在地面群集啃食叶片，使之布满稠密的小椭圆形孔洞，及至全叶或全株，使成块油菜枯死。幼虫在土内啃食根部皮层成不规则条状疤痕，也可咬断须根，使地上部发黄，萎蔫死亡。

3. 防治方法

（1）农业防治

播种前和越冬期清除田内、田边残株、枯叶、杂草；避免与白菜类蔬菜、油菜连作；播种前深耕晒垡或灌水；幼虫为害严重时灌水或多次浇水；加强苗期管理，增施肥料，促进幼苗生长健壮等有减轻危害的作用。

（2）物理防治

油菜苗期危害严重时，可在种厢两端设立 1 平方米的胶板，安上手柄。板正面涂抹黄油或其他胶黏物，插立田头或手持黏胶板，另一手轻轻扫动油菜苗，跳甲受惊，则高高蹦起，黏于板上而被捕杀。

（3）化学防治

重点防治跳甲幼虫，一般采用药剂灌根的方法，用 50%辛硫磷乳油 1000 倍液，10%四季红可湿性粉剂 1000 倍液灌根，有效期可达 15 天以上。出苗后用 5%锐劲特悬浮剂（每亩 30 毫升，兑水 50 千克）、千虫克可湿性粉剂（0.1%阿维菌素，每克含 100 亿活芽孢，每亩 30～60 克，兑水 50 千克）喷雾，5～7 天喷一次，能够控制跳甲危害。

（四）潜叶蝇

油菜潜叶蝇又叫豌豆植潜蝇，各油菜产区几乎都有发生，仅西藏地区未发现。寄主范围广，食性很杂。幼虫在叶片上下表皮间潜食叶肉，形成黄白色或白色弯曲虫道，严重时虫道连通，叶肉大部被食光，叶片枯黄早落（图 6－8），严重影响油菜的光合作用。

图 6－8 油菜潜叶蝇为害症状

1. 形态特征

成虫雌虫体长 2.3～2.7 毫米，雄虫体长 1.8～2.1 毫米。体暗灰色，疏生黑色刚毛。复眼红褐色至黑褐色。触角共 3 节、黑色，第 3 节近圆形，触角芒 2 节、细长，无长毛，长度略长于第 3 节的 2 倍。中胸有 4 对粗大的背鬃，小盾片三角形，后缘小盾鬃 4 根，列成半环状。足黑色，腿节与胫节交接处黄褐色。翅半透明，有紫色反光；前翅亚前缘脉与第一胫脉彼此平行，在切口处不贴近，第一胫脉顶端不加粗。卵长卵圆形，长 0.3～0.33 毫米，淡灰白色。幼虫蛆状，体色初为乳白色，渐变为黄白色或鲜黄色。老熟后体长 2.9～3.5 毫米。头小，前端有黑色能伸缩的口钩。腹末斜行平截状。蛹长卵圆形略扁，体长 2.1～2.6 毫米，体色由乳白渐变为黄、黄褐、灰褐色。

淮河以北地区蛹在油菜、豌豆、苦卖菜等叶组织中越冬；淮河以南越冬虫态还有幼虫、成虫；南岭以南则无越冬现象。成虫出现期很早，在江苏、湖北1月可见到羽化成虫。成虫活泼，多在白天活动，吸食糖蜜或叶片汁液以补充营养；寿命4～20天。每只雌虫一生产卵45～100余粒，散产在嫩叶上，多位于叶背边缘。成虫用产卵器刺破叶表皮后产卵于刺伤处，使叶缘形成灰白色小斑点，卵期4～9天。卵孵化率47%～76%。幼虫孵出后即在叶中潜食、潜食隧道随虫龄增大而增大。幼虫经5～15天老熟，在隧道末端化蛹。化蛹时将隧道咬破，使蛹与外界相通。蛹期8～21天。

2. 发生规律

油菜潜叶蝇较耐低温而不耐高温。春季发生早，夏季35 ℃以上便不能成活而以蛹越夏，因而常在春秋两季危害，主要在春季危害秋播油菜。成虫发生的适宜温度为16 ℃～18 ℃，幼虫20 ℃左右。一年发生代数由北向南渐增，从3～18代不等。成虫多在晴朗白天活动，吸食花蜜或茎叶汁液。夜晚及风雨天则栖息在植株或其他隐蔽处。卵散产于嫩叶叶背边缘或叶尖附近。产卵时用产卵器刺破叶片表皮，在被刺破小孔内产卵1粒。卵期4～9天，卵孵化后幼虫即潜入叶片组织取食叶肉，形成虫道，在虫道末端化蛹，化蛹时咬破虫道表皮与外界相通。

3. 防治方法

（1）生物防治

利用寄生蜂寄生于油菜潜叶蝇幼虫和蛹体内，自然控制油菜潜叶蝇的种群数量。目前已知能寄生于油菜潜叶蝇的寄生蜂有4科13属50余种。

（2）化学防治

用3%的红糖水，加0.5%的美曲磷酯制成毒液，在田间点喷，诱杀潜叶蝇成虫，也可用氧化乐果喷杀。

三、油菜草害及其防治

我国油菜田杂草数量大，对油菜危害严重。长江流域冬油菜田杂草发生面积占种植面积的46.9%，约180万公顷；云南冬油菜田杂草发生面积占种植面积的62.9%，约15万公顷，损失油菜籽5500吨，占7%。青海省春油菜田草害面积78.1%，约6万公顷，其中52.3%的受害面积产量损失在20%以上，每亩减产油菜籽12.5千克，每年损失油菜籽1100吨。油菜苗期受杂草危害后，形成瘦苗、弱苗、高脚苗，抽薹后分枝稀，结角少，角粒数减少，千粒重低，产量低。冬油菜田杂草对油菜的危害主要是冬前和早春，油菜直播田比移栽田危害重，杂草和油菜共生形成争肥、争水、争阳光、争空间的危害。一般减产15%左右，有的减产可达50%以上。

（一）油菜田杂草种类及频率

1. 杂草种类

冬油菜田杂草主要有看麦娘、稗草、千金子、棒头草、早熟禾、硬草等禾本科杂草和繁缕、牛繁缕、雀舌草、碎米荠、通泉草、稻槎菜、猪殃殃、大巢菜、小藜、扬子毛茛、泥胡菜、波斯婆婆纳等阔叶杂草，以及牛毛毡、莎草科杂草，其中在稻茬冬油菜田以看麦娘和日本看麦娘杂草最多（图6-9）。

看麦娘

早熟禾

图6-9 油菜田主要杂草（1）

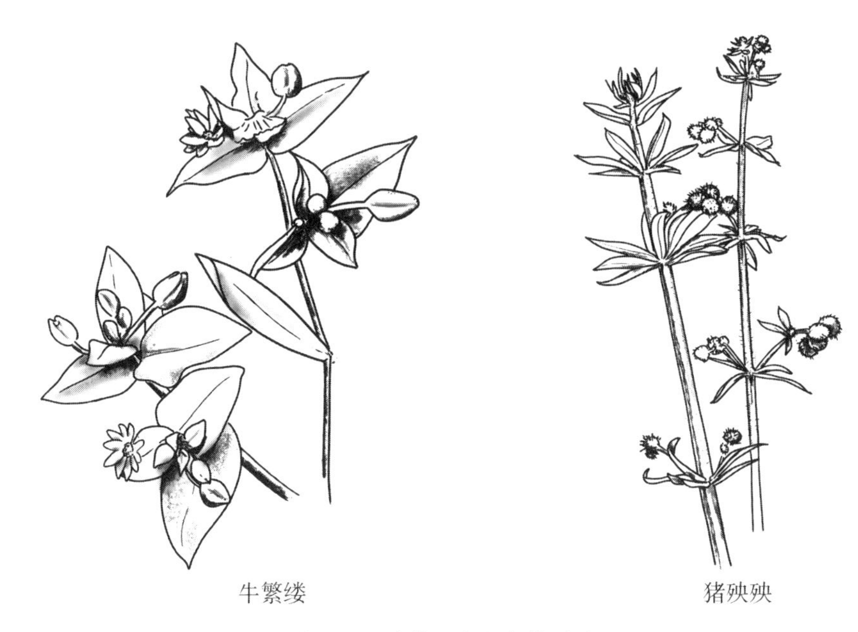

图 6-9　油菜田主要杂草（2）

春油菜田杂草主要有野燕麦，其他还有薄蒴草、密花香薷、菥蓂、藜、微孔草、苣荬菜、地肤草、刺儿菜、苍耳、芦苇、田旋花、苘麻、野西瓜苗、苋菜、苦豆子等杂草。

2. 频率

由于生态条件与栽培条件不同，同样是稻茬冬油菜田，杂草的种类和群落也有差别。据记载，江苏省宜兴市稻茬直播油菜田主要杂草有看麦娘、猪殃殃、繁缕、稻槎菜、碎米荠、雀舌草、泥胡菜等8科14种。其中以看麦娘为主的禾本科杂草密度为每平方米2902.7～10232.7株，占杂草总数的93.7%，猪殃殃等阔叶杂草密度为每平方米448.2～1068.2株，占杂草总数的6.3%。而浙江嘉兴地区，稻茬直播油菜田以看麦娘为主的禾本科杂草，占杂草总数的72.6%，牛繁缕占16.4%，雀舌草占5.1%，碎米荠占3.4%。两个地区看麦娘发生量相差21.1%，其他杂草差异也较明显。

油菜田杂草种类繁多。青海川水地区油菜田多年生杂草苣荬菜、田旋花、西伯利亚蓼、芦苇、大蓟、一年生杂草藜；脑山地区一年生杂草野燕麦、密花香薷、藜、遏蓝菜、薄蒴草、多年生杂草苣荬菜；国有农场一年生杂草密花香薷、野燕麦、藜，多年生杂草苣荬菜、大蓟、藏蓟、西伯利亚蓼，二年生杂草野胡萝卜，发生危害有加重趋势。四川省油菜田杂草有21科49种。其中，出现频率较高、危害较重的有10余种，如看麦娘、棒头草、繁缕、牛繁缕、鼠麹草、一年蓬、通泉草、碎米荠等。生态各异的油菜田块，其主要杂草组成不同。洞庭湖区油菜田杂草有20科47种，其中前茬棉花油菜田杂草有19科46种，棒头草、画眉草、卷耳等为优势种群；前茬水稻油菜田杂草有13科27种，棒头草、繁缕、牛繁缕等为优势种群。湖北涝渍地区所有油菜田的优势杂草种群为稻槎菜，以轻渍害区发生最为严重，牛繁缕中等发生，以轻渍害区发生稍重；荠菜、泥胡菜等杂草在土壤水分含量较低的田块相对危害较大。长江流域油菜产区发生量大、危害严重的杂草主要是看麦娘、早熟禾、猪殃殃、稻槎草、牛繁缕。

（二）油菜田杂草发生规律

1. 冬油菜区

稻茬免耕直播油菜田，由于播种时气温高，墒情好，油菜播种后立即萌发出土，并很快形成出苗高峰。如江苏南部油菜在10月上旬播种，只要播种时墒情足，5天后杂草可大量出土，高峰期在10月中旬至11月中旬，时间为30～40天。这批出土的杂草是与油菜竞争、形成危害的主要杂草群落。12月至翌年1月，由于气温低，危害油菜的杂草基本停止生长。在早春2月下旬气温回升，在土壤深层的杂草也有少量出土，但由于油菜生长速度快，对这部分杂草形成郁闭，使这部分杂草见光少、生长弱而不构成危害。多数杂草在3月中下旬进入拔节期，4—5月陆续开花结实，成熟后落田间。稻茬免耕油菜田禾本科杂草有偏多发生年、中等发生年和偏少发生年3种年型，阔叶类杂草有偏多发生年和偏少发生年2种年型，不同年型杂草种群发生规律和危害程度亦存在差异。直播油菜田杂草出土高峰期和杂草数量大小与秋季、冬季气温及降水量有关，若温度高、水量大则杂草数量相对较大，危害严重。若冬季冷得早，杂草出土停止早；冬季冷得迟，杂草出土时间延长。油菜播种后天气干旱少雨、土壤墒情差、杂草出土推迟，但降水后将很快形成杂草生长高峰。稻茬翻耕与稻茬免耕油菜田土壤的杂草种子库种类组成相似，主要有日本看麦娘、牛繁缕和猪殃殃，优势种均为日本看麦娘；稻茬翻耕油菜田杂草种子80%～90%较为均匀地分布于地表至10厘米深的土层中，而稻茬免耕油菜田杂草种子约75%分布于地表至5厘米深的浅土层中。

2. 春油菜区

杂草在春季油菜播种后出土，前期生长慢，后期生长快。如在青海，野燕麦于油菜播种后3～7天后陆续萌发出土，6月抽穗，7—9月成熟。其他杂草4月中下旬萌发出土，4月下旬至5月上旬形成高峰，6—7月开花，7月下旬开始成熟。春油菜田杂草出土集中，一般在一旬之内，这个特点对形成危害的田块进行化学除草十分有利，只要把握施药适期，一次施药可控制草害。

（三）油菜田可用除草剂

油菜田常用除草剂如表6-1所示。

表6-1　油菜田常用除草剂

名称	剂型	防除对象	用量	处理方法
拿捕净	12.5%乳油	禾本科	正常量或2倍量	茎叶
精禾草克	5%乳油	禾本科	正常量或1～1.5倍量	茎叶
威霸	6.9%乳剂	禾本科	正常量或1～2倍量	茎叶
牧乐道	12%乳油	禾本科、小粒	正常量或0.6倍量	茎叶
乙草胺	50%乳油	禾本科、阔叶杂草	正常量以下3升/公顷	土壤
吐温	72%乳油	禾本科、阔叶杂草	正常量以下3升/公顷	土壤
普乐宝	72%乳油	禾本科、阔叶杂草	正常量以下3升/公顷	土壤
利收	10%乳油	阔叶杂草	正常0.5升/公顷	茎叶
广灭灵	48%乳油	阔叶杂草	正常2升/公顷	土壤

续表

名称	剂型	防除对象	用量	处理方法
施田补	33%乳油	阔叶杂草	正常 2 升/公顷	土壤
氟乐灵	48%乳油	阔叶杂草	正常 3 升/公顷	土壤
敌草强	25%乳油	禾本科	1200～2400 克/公顷	土壤
油草净	5%乳油	看麦娘、繁缕	225 克/公顷	土壤

(四) 油菜田化学除草技术

1. 选用耐除草剂品种

秦油 2 号、蓉油 4 号等品种比汇油 50、中油 821、蓉油 3 号、沪油 12 号等品种更耐广灭灵 36CS，喷药后白化株率低，说明品种间在除草剂抗性上存在程度差异，但不能解决根本问题。加拿大等国已广泛推广抗除草剂的油菜品种，占油菜种植面积的 85%左右。目前生产上广泛应用的抗除草剂油菜品种主要有三类：①通过转基因育成的抗草甘膦类型品种。②通过转基因育成的抗草胺膦类型品种。③通过化学诱变获得突变体，然后转育而成的抗咪唑啉酮类型品种。无论是抗草甘膦、草胺膦的油菜，还是抗咪唑啉酮的油菜，均对油菜的产量和品质没有不利影响，相反这些油菜新品种比对照增产 10%以上，种植者由于减少了用工和农药用量，效益也有较大幅度的提高。据调查，有 50%的种植户认为使用抗除草剂油菜品种能更好、更方便地防治杂草，19%的种植户认为产量更高、回报更好，10%的种植户认为能降低成本，1997 年节约除草剂 1500 吨，2000 年节约了 6000 吨。我国也正在研究、培育抗除草剂油菜品种。培育和推广抗除草剂的油菜品种可在油菜整个生育期间根据田间草害发生情况随时进行化学除草，减少中耕除草用工，减少杂草危害，提高油菜产量，增加效益。

2. 土壤处理

25%敌草强可防除萌发于三叶期的杂草，对一年生禾本科杂草防效达 95%以上，对阔叶杂草防效为 70%～90%，特效期达 270 天，气温在 18 ℃以上，土壤湿润时施药，有利于药效充分发挥。施用方法：①在播种前3～5天每亩用80～160克兑水50千克喷雾于表土，耙混土3～5厘米深，随即播种或移苗。②播种后随机每亩用80～120克兑水50千克喷雾表土。③油菜移栽成活后每亩用40～80克兑水50千克均匀喷雾。在油菜6～8叶苗移栽前4天用广灭灵（54克/公顷）单独或与乙草胺（300克/公顷）、顶草胺（675克/公顷）等重复喷施表土可有效防除猪殃殃、繁缕、波斯婆婆纳、牛繁缕等阔叶杂草，除草效果可达90%以上，增产20%～30%。20%百草枯（克无踪）水剂，每亩用100～150毫升兑水50～60千克，在免耕油菜田于移栽前2～3天喷湿板田上面或免耕直播油菜播种前3天喷土面，都可起到封杀作用。

（1）播前土壤处理

播前土壤处理一般用于防除油菜田野燕麦、看麦娘、稗草、棒头草等杂草，常用品种为40%燕麦畏（野麦畏、阿畏达）乳油和48%氟乐灵乳油。

1）40%燕麦畏乳油：在油菜播种前用3升/公顷（每亩200毫升），兑水300～450升/公顷配成药液均匀喷洒，并立即用钉齿耙混土，混土深度5～10厘米，然后播种油菜。西北油菜产区，由于干旱少雨，蒸发量大，混土一般在10厘米左右。

2）48%氟乐灵乳油：在油菜播种前或移栽前，进行土壤处理，主要防除看麦娘、日本看麦娘、稗草、棒头草、野燕麦等一年生禾本科杂草，以及繁缕、牛繁缕等。一般在油菜苗床、直播田和移栽田使用，先平整打畦后，用1.2～2.25升/公顷兑水，配成药液均匀喷洒于地表，并立即浅耙混土3～5厘米。若在春油菜区防除野燕麦，48%氟乐灵乳油的用量可加大到2.25～2.6升/公顷，混土深度可达10厘米左右。为防止氟乐灵对小麦、青稞的药害，可用48%氟乐灵乳油1.5升/公顷（每亩100毫升）与40%燕麦畏乳油1.5升/公顷（每亩100毫升）混用。由于氟乐灵只对萌发时的杂草幼苗有效，对已出土的杂草无效，杂草出土后不宜使用氟乐灵。

3）50%大惠利可湿性粉剂（草萘胺、萘氧丙草胺）：该品种杀草谱广、持效期长。可防除稗草、马唐草、狗尾草、野燕麦、千金子、看麦娘、早熟禾、牛筋草、雀稗、藜、猪殃殃、繁缕、马齿苋、锦葵、苦荬菜、千里光等一年生禾本科杂草及多种阔叶杂草，对油菜安全。在油菜移栽前用50%可湿性粉剂1.5～1.8千克/公顷（每亩100～120克），兑水600～700千克/公顷配成药液喷于土表，干旱时施药后混土。药后无雨，灌溉也能提高其防效。沙质土用低量，黏质土用高量。在使用大惠利的地块，下茬不宜种高粱、玉米、莴苣、甜菜等敏感作物。

4）青海省农林科学院植保所研制的复配除草剂“油田清”“油草枯”适用于青海不同生态区油菜田防除杂草，采用油田清28～50毫升/公顷播前土壤处理或油草枯12～75毫升/公顷茎叶喷雾，防除野燕麦和阔叶杂草效果达85%～90%。对油菜安全，灭草后油菜增产20%以上。

（2）播后苗前土壤处理

1）50%乙草胺乳油：主要防除油菜田看麦娘、日本看麦娘、稗草、硬草等禾本科杂草和繁缕等部分阔叶杂草。使用方法是在油菜育苗苗床、直播田播后苗前、移栽田移栽前或移栽后，用50%乳油0.9～1.2升/公顷（每亩60～80毫升），或用90%禾耐斯乳油0.6～1.05升/公顷（每亩40～70毫升），兑水600～750升/公顷配成药液喷洒。乙草胺的用量随土壤有机质含量的高低而不同，土壤有机质含量高时用高量，反之用低量。乙草胺对移栽油菜高度安全，50%乳油用到2.4升/公顷，无论在移栽前土壤处理或在移栽后茎叶处理，对油菜叶色、长势、株高、叶龄和鲜重均无不良影响。乙草胺用于冬油菜田防除看麦娘，持效期可长达70～80天。乙草胺在土壤湿度适宜的情况下，药效发挥较好；干旱时，应灌溉或将药剂混入2～3厘米土层中。乙草胺对刚萌发的杂草防效好，对已出土的杂草防效下降，因此要掌握施药适期，在防除看麦娘时应在1叶期以前用药防效显著。

2）48%甲草胺（拉索）乳油：主要防除以看麦娘为主的禾本科杂草

并兼治部分阔叶杂草。用48%甲草胺乳油3～3.75升/公顷（每亩200～250毫升），兑水600～750升/公顷配成药液喷洒土壤。

3）60%丁草胺乳油（去草胺、灭草特）：主要用于防除以看麦娘为主的禾本科杂草，60%丁草胺乳油1.13～1.95升/公顷（每亩75～130毫升），加水在播后苗前喷洒。

4）20%敌草胺乳油：主要用于防除一年生禾本科杂草及部分阔叶杂草，如看麦娘、日本看麦娘、棒头草、稗草、猪殃殃、雀舌草、繁缕、牛繁缕等杂草。该药还具有杀草谱广，对油菜安全，对气温要求不严，低温使用不影响药效等优点。20%敌草胺乳油3～3.75升/公顷（每亩200～250毫升），兑水600～750升/公顷，配成药液后在播种后出苗前喷洒。

5）50%杀草丹乳油（禾草丹）：主要防除以看麦娘为主的禾本科杂草，看麦娘在1.5叶期以前，用50%杀草丹乳油3～3.75升/公顷（每亩200～250毫升），兑水配成药液喷洒，对看麦娘高效，对阔叶杂草也有一定的效果。在油菜育苗苗床使用，由于水肥管理较好，有利于药效的发挥，因而用药量可以酌减。杀草丹对油菜安全，播后苗前至子叶期施用均不会产生药害。在移栽田施用，兑水量不能少于600升/公顷，否则嫩叶上易产生点状药斑。土壤干燥时，应在灌溉后施药或喷液量加大1倍。

6）25%绿麦隆可湿性粉剂：主要用于防除免耕稻茬直播油菜田播前和移栽前的看麦娘、日本看麦娘、硬草、牛繁缕、荠菜、稻槎菜等禾本科杂草及阔叶杂草。直播田用25%绿麦隆可湿性粉剂3.75千克/公顷（每亩250克），移栽田用4.5～5.25千克/公顷（每亩300～350克），兑水450～750千克/公顷，配成药液喷洒或制成毒土均匀撒施。在气温高时，喷雾法易产生药害，药土法使用比较安全，在免耕或移栽田，以看麦娘为主的杂草比翻耕田早出5～10天，数量也比翻耕田多20%左右，因此，在水稻收割后及时抢墒施药是关键。

（3）茎叶处理

1）防除禾本科杂草、阔叶杂草混生茎叶处理：可混用配方药防除，

10%高特克乳油 2～3 升/公顷（每亩 130～200 毫升）和 15%精稳杀得乳油、12.5%盖草能乳油或 5%精禾草克乳油 0.45～0.75 升/公顷（每亩 30～50 毫升）混用。每亩用 17.5%草除精喹禾乳油 100～140 毫升，兑水 40～50 千克喷雾，在油菜 6～8 叶期，气温 8 ℃以上，土壤有一定湿度，杂草 2～4 叶期时施用，可杀死单子叶禾本科杂草和双子叶阔叶杂草，应特别注意在油菜 5 叶期前不能用。或用 5%精禾草克 45 毫升加 30%好多实 50 毫升兑水 50 千克喷雾，对油菜田大多数杂草有良好防效。对以禾本科杂草为主的油菜田，在油菜 3 叶期每亩用 30%双草净乳油 80～100 毫升兑水 50 千克喷雾，既对油菜安全，又有良好的防治效果，且对繁缕有一定的抑制作用。对以阔叶杂草为主的油菜田，在油菜 6 叶期每亩用 30%好多实乳油50 毫升兑水 50 千克进行喷雾，效果好。

2）防除禾本科杂草茎叶处理：这类药剂主要有收乐通、克草星、盖草能、稳杀得、禾草克、拿扑净等，这类药剂对看麦娘、野燕麦等禾本科杂草都有较好的防除效果，对阔叶杂草无效。苗床、直播田、移栽田使用技术如下：

在春油菜产区防除野燕麦，用 15%精稳杀得（精吡氟禾草灵）乳油 0.82～0.98 升/公顷（每亩 55～65 毫升）；或用 5%精禾草克（精吡禾灵）乳油 0.9～1.05 升/公顷（每亩 60～70 毫升）；或 12.5%盖草能（吡氟乙草灵）乳油 0.82～0.98 升/公顷（每亩 60～70 毫升）；或用 12.5%拿捕净（烯禾啶）机油乳剂 2 升/公顷（每亩 130 毫升），于野燕麦 2～4 叶期兑水 450～600 升/公顷配成药液喷洒，防效可达 90%以上。这几种药剂对油菜都较安全。

在冬油菜产区防除看麦娘等，分别用 12.5%盖草能乳油、5%精禾草克乳油、15%稳杀得乳油 0.45～0.75 升/公顷（每亩 30～50 毫升）；或用 12.5%拿扑净机油乳剂、20%拿扑净乳油 1.05 升/公顷（每亩 70 毫升），于看麦娘基本出齐后至 5 叶期每公顷按用药量兑水 450～750 千克配成药液喷洒，通常可取得较好防效。

在土壤墒情差时，应先浇水后施药，或适当增加用药量和喷液量。禾本科杂草吸收和输导速度快，药后 2 小时无雨不影响效果，日平均温度 10 ℃时，12～13 天杂草可死亡，气温在 10 ℃以下则杂草死亡速度慢，油菜易受药害。单一使用这类除草剂导致猪殃殃、繁缕等杂草数量上升，危害加重，因此，应注意和防除阔叶杂草的药剂交替使用。

3）防除阔叶杂草茎叶处理：10%高特克乳油 2～3 升/公顷（每亩 130～200 毫升），可防除雀舌草、繁缕、牛繁缕等，用量为 3～4 升/公顷（每亩 200～270 毫升），可防除苍耳、猪殃殃等。用药适期要根据杂草生长规律和油菜品种类型确定。据江苏省农业委员会植物保护站试验，高特克在甘蓝型油菜冬前苗期施用，油菜叶片向下皱卷，经 7～10 天后恢复，对产量无不良影响；在白菜型油菜同期使用，药害较重，对产量有明显影响。但在这两类油菜的越冬期及返青期施用，均未产生药害。因而耐药性弱的白菜型冬油菜，应在其越冬期或返青期使用；而耐药性较强的甘蓝型冬油菜，可根据当地杂草发生时期处理，在冬前阔叶杂草基本出齐的地区可在越冬前施药，在冬前、冬后各有一个杂草发生高峰的地区，应在越冬后的杂草发生高峰后施药。51%异丙・异恶草酮 EC 对移栽油菜田杂草的防除效果较好，虽然施药区油菜易产生“白化”现象，但能及时褪去转绿，可在沿江圩丘地区移栽油菜田广泛使用。

第七章　油菜的收获、贮藏和加工利用

一、油菜的收获

我国长江流域油菜主产区是世界上规模最大、开发潜力最大的油菜生产带，面积和产量占我国油菜种植面积和产量的80%以上，在加快发展油菜产业上具有得天独厚的优势。长江流域冬油菜种植长期以来采用精耕细作的生产方式，主要由人工进行种植、管理和收获。为了提高油菜的种植生产效率，可以通过加大油菜机械化生产水平来实现。相较于油菜机械化生产，人工种植劳动强度大、生产成本高、收获效率低，各级政府和农民迫切需要发展油菜生产机械化。因此，各地做了不少尝试。如北方少数油菜种植地区，对大型谷物联合收割机稍加改装后收获油菜，投资虽少，但收获损失严重，总损失率达15%～20%。无锡市惠山区农业机械化推广中心对桂林3号联合收割机的割台、脱粒、清选和分离等部分进行了改进设计，并研制了适合油菜收割的竖式切割分禾装置，解决了油菜生长茂盛、茎秆高及枝节交错切割难的问题。改进后的桂林-3U型油菜联合收割机的使用条件为套直播种植的油菜成熟度≥85%、籽粒含水率≤40%。主要技术参数：作业效率0.20～0.34公顷/时，总损失率≥12%，总含杂率≤35%，割幅215厘米，油耗0.8～1.2千克/时。苏州市对改制的新疆2型油菜收割机进行了收获试验，结果是收获总损失率平均为8.3%，含杂率为10.6%，未脱净率为3.21%。南通五山牌4LZY-1.5型油菜联合收割机收获总损失率≤8%，出粮口含杂率≤8%，破碎率<0.5%。上海市和江苏省一些农机科研、推广部门及企业对几种不同的机型，对制台、脱粒和清选部分都做了改进设计，但损失率和清洁率均不理想。

总的来说，我国油菜收获机械技术还处于技术引进、开发和试验阶段。一是机械收获油菜在技术上有一定难度。用于油菜收获的机械大多是依据收获小麦等作物设计的，由于油菜植株高大，分枝数多，植株相互交织在一起，改制后的割晒机或联合收割机上的外分禾器难以将油菜植株分开。所以，操作时经常将分禾器两侧的植株连根拔起而发生堵塞，作业效率很低。二是油菜种植农艺和油菜品种对机械化收获不适应。不少国家以直播油菜为主，茎秆较细、分叉较短、不相互缠绕。欧洲及北美洲等油菜种植地区，农业专家培育的油菜品种除高产优质外，同时也适应机械化收获，如一些品种秆短、枝杈少和果荚成熟一致等。三是油菜种植田块小。尤其是南方地区，很多是在田边、地头或坡地上种植，就是在大田里种植的油菜也多属夹（带）种或套种，不宜采用机械收获。四是受财力限制。科研院所和企业等，都将主要力量集中在技术比较成熟、难度相对较小、易于产生效益和农民迫切需要的稻麦联合收割机的开发和生产上。由于油菜收获期短、劳动强度大，若遇阴天下雨，油菜极易霉烂变质，迫切需要油菜实现机械化收获。

（一）机械化收获

油菜机械化收获有分段收获和联合收获两种方式。①分段收获：即先将油菜割倒放铺摊晒，再由机械捡拾、脱粒。在油菜约八成熟时，用割晒机将油菜割倒铺放于田间，晾晒至七八成干时，把已拆下拨禾轮和动刀杆（或动刀片）的联合收割机开到油菜田里缓慢行走，由人工捡拾已晾晒好的油菜植株，均匀喂入到收割机割台上，实现油菜的脱粒、清选。这种收获方式的特点与人工收获类似，利用作物的后熟作用，提前收获。延长收割期，因而对收割期要求不严格。缺点是作业效率低、劳动强度大。采用分段收获油菜还应注意两点：一是油菜晾晒不可过干，否则裂壳多，损失大。二是喂入要均匀、适量，喂入过多容易堵塞，喂入过少则影响作业效率。②联合收获：即收割、脱粒、清选作业一次完成的联合作业方式，在油菜角果成熟后期，用联合收割机一次完成所有的收获作业环节。联合收获的特点是作业效率高，劳动强度小，尤其在气候条件不好时，有利于抢收。但联合收获对收获期要求较严，既不能早也不能晚。早收油菜脱粒不净，清选损失大、籽粒清洁度差，同时籽粒未成熟，含油量少。偏晚收获容易炸荚落粒而导致损失大。由于油菜籽的熟期有一定的时间差异，联合收获方式难以等到油菜达到一致的成熟度后再统一收获，因此，发展两种收获方式并存的机械化模式可以有效解决当前收获过程中的矛盾。

1. 分段收获

分段收获模式主要有人工收获、半机械化收获和全程机械化收获 3 种。人工收获是指油菜收获的割倒、脱粒、清选等工序全部由劳动力手工作业来完成，这种收获方式的油菜籽破碎率低，但劳动强度大、生产效率低。半机械化收获是指油菜收获的部分工序由机器来完成，其机械化作业主要是通过人工割倒，并经后熟后的油菜由人工捡拾喂入联合收割机中进行脱粒并清选。这种联合收割机都是在稻麦联合收割机上经过更换一些专用工作部件改型设计而来，相对人工脱粒清选，降低了劳动强度、提高了工作效率，但适应性差、损失率高。全程机械化收获是指油菜收获的各工序全部由机器来完成，在解放劳动力的同时生产效率得到显著提高，各工序主要通过油菜割晒机和油菜捡拾脱粒机作业来完成。由于各工序作业的专用机型少，市场上销售的油菜联合收割机大都是在现有稻麦收割机上进行改造和组装而成，其结构参数和运动参数的匹配与优化还需进一步优化。

油菜分段收获需要等到 70%～80%的果荚呈现黄绿色或淡黄色，主花序的果荚已经变为黄色，分枝上的角果已经褪色，油菜籽的种皮由绿色变为红褐色，说明此时的油菜籽种子达到八成熟，即种子含水量为 35%～40%，割晒 5～7 天后种子含水量降至 12%～15%，采用联合收割机捡拾脱粒。油菜的割倒时间、放置时间、脱粒时间等因素对分段收割的油菜籽产量和质量有较大的影响。试验研究结果表明，当油菜进入黄熟期，此时角果均为黄色，在油菜黄熟期后 2 天进行机械收割，植株脱粒困难，所收获油菜籽的质量较差，菜籽损失率为9.3%；黄熟期3～4天进行收割，可以有效保证籽粒质量，种子损失率为4.56%；当油菜角果枯黄，进入完熟期收割时，植株易脱粒，收获菜籽质量好，但种子损失率高达9.32%，所以油菜机械收获时间应选择在黄熟期3～4天进行，这样可以有效降低收获损失率。

2. 联合收获

联合收获方式需要等到油菜植株的95%果荚颜色呈枇杷黄的时候或90%油菜籽粒呈黑褐色时，此时收获的油菜籽损失率较低，适宜于油菜联合收获。由于联合收获的油菜籽粒后熟作用小，95%角果颜色呈枇杷黄，85%～90%籽粒呈黑褐色时为机械收获适宜的时期。联合收获应在油菜转入完熟阶段，植株角果含水量下降，种子含水量降至15%～20%，冠层略微抬起时最好，并且宜在早晨或傍晚收获。机械收获损失主要发生在脱粒和清选过程中，占总损失量的80%左右。割茬高度一般以20～30厘米较好。由于油菜秸秆一般向南倒伏，宜按南北走向往复式作业。油菜籽的黄熟期有一定的时间差异，联合收获方式难以等到油菜达到一致的成熟度后再统一收获，因此，发展两种收获方式并存的机械化模式可以有效解决当前收获过程中的矛盾。

（二）催熟剂的研究与应用

油菜催熟剂有3个功能：一是促进角果和植株脱水；二是促进体内的营养物质向种子转运；三是促进成熟一致和适当提早成熟。在我国南方多熟制地区油菜收获的传统方法是分段收获，先将油菜割倒运至田外经摊晒或堆垛7～10天后熟后再进行脱粒。使用机械联合收获需要收割、脱粒一次完成，而油菜适宜收获期植株含水量在70%以上，种子含水量在30%以上，给一次收获、脱粒带来困难。因此，在收割前给油菜喷施一定剂量化学催熟药剂，使油菜便于机械化收获。

研究表明，油菜催熟剂在油菜油分积累的高峰期施用，一般不会导致种子含油量的降低，但对种子的千粒重有一定的影响。由于施用催熟剂后机械收割，比分段收获（损失20%以上）损失小（8%以下），能及时腾地给后作物播种和移栽（表7-1）。2010年我们采用19种自己配制的催熟剂进行田间小区试验，筛选高效、安全、低成本催熟剂，4月26日喷施，5月5日第一次收获脱粒，5月10日第二次脱粒。根据第一次收获脱粒百分比确定催熟剂的效果，从试验结果看催熟剂19和催熟剂12效果较好（表7-2）。

表7-1　油菜喷施催熟剂后机械收获的产量结果

（2009年4月28日喷施催熟剂，5月2日机械收割）

实收面积/公顷	催熟机收重量/千克	含杂率/%	含水量/%	损失率/%	除杂后产量/（千克/公顷）	实收产量/（千克/公顷）
0.07	120	15	111.5	7.3	1457	1500

表7-2　不同催熟剂的催熟效果

编号	处理	一次收获比例	二次收获比例
1	A0.15克+B2毫升+E498毫升	19.00%	91%
2	A0.3克+B4毫升+E496毫升	1.70%	98.30%
3	A0.45克+B6毫升+E494毫升	0	100%
4	A0.6克+B8毫升+E492毫升	0	100%
5	A0.3克+E500毫升	3.10%	96.90%
6	A0.6克+E500毫升	0	100%
7	A0.9克+E500毫升	0	100%
8	A1.2克+E500毫升	0	100%
9	C0.25毫升+E499.75毫升	9.40%	90.60%
10	C0.5毫升+E499.5毫升	0	100%
11	C0.75毫升+E499.25毫升	0	100%
12	C1毫升+E499毫升	61.30%	38.70%
13	D0.5克+C0.5毫升+E499.5毫升	36.70%	63.30%

续表

编号	处理	一次收获比例	二次收获比例
14	D1.0 克+C0.25 毫升+E499.75 毫升	28.00%	72%
15	A0.15 克+B3 毫升+C0.25 毫升+E496.25 毫升	17.90%	82.10%
16	A0.3 克+B4 毫升+C0.25 毫升+E495.75 毫升	26.10%	73.90%
17	A0.15 克+B4 毫升+C0.5 毫升+E495.5 毫升	36.60%	63.40%
18	A0.3 克+B6 毫升+C0.5 毫升+E493.5 毫升	42.90%	57.10%
19	C2 毫升+E498 毫升	100.00%	0.00%
20	E500 毫升（CK）	0	100%

注：A 为 98%噻苯隆粉剂，B 为二甲基甲酰胺，C 为 20%百草枯水剂，D 为磷酸二氢钾，E 为水。

湖南农业大学油料所于 2011 年选用 4 种药物（40%乙烯利，20%百草枯，2%萘乙酸，40%乙烯利＋0.1%脱落酸），分别进行油菜催熟研究。于 4 月 27 日喷施 1 次；4 月 27 日和 5 月 2 日各喷施 1 次；4 月 27 日、5 月 2 日和 5 月 7 日各喷施 1 次；共 3 个处理进行油菜催熟研究。

1. 百草枯的催熟效果

油菜在第 1 次喷施百草枯后第 2 天马上变黄，比对照早 8～9 天。喷施 2 次和喷施 3 次的植株由黄变白。与对照相比，经百草枯处理的油菜在千粒重、含油量和产量上显著低于对照，但是抑制油菜生长、促使油菜落黄和脱水的效果最好，喷药后第 2～3 天植株即全部变黄。施一次百草枯的油菜种子 MDA 含量最高（4.35 微摩尔/克），比对照（4.04 微摩尔/克）要高 8%。

2. 乙烯利的催熟效果

油菜在喷施一次乙烯利后第 5 天植株即转黄，第 9 天后全部变黄，比对照早 3 天转黄。而喷施两次乙烯利的比对照早 4 天转黄。与对照相比，千粒重略有下降，含油量略有升高，种子油酸含量显著增加，但产量显著降低。

3. 萘乙酸的催熟效果

油菜在喷施萘乙酸后第 7 天植株开始转黄，比对照早 1 天转黄。而喷施两次的比对照早 3 天转黄。与对照相比，在脱水效果上不明显；千粒重有所增加，但产量显著降低；含油量有所降低，脂肪酸组分也发生变化，其中油酸含量显著增加，亚油酸含量显著降低，亚麻酸含量增加不明显。

4. 乙烯利＋脱落酸的催熟效果

油菜在喷施一次乙烯利＋脱落酸后 6 天开始转黄，第 10 天后大部分变黄，比对照早 2 天转黄，从脱水的效果上看，比对照稍好一点。与对照相比，喷施了乙烯利＋脱落酸的油菜千粒重和产量均显著下降；种子含油量、亚油酸含量显著降低，但油酸和亚麻酸含量有所增加。

由于百草枯催熟效果明显，只要在油菜收割前几天喷施一次即可，如果喷施多次的话，则对油菜的千粒重和产量影响比较大。对于萘乙酸，在脱水效果上不明显，在千粒重、含油量、不饱和脂肪酸含量上，喷施 3 次的效果最好，但是产量上有所降低。在油菜化学催熟上，综合对油菜品质和产量上，乙烯利的效果最好，但是乙烯利不适合多次喷施，喷施 2 次和喷施 3 次的一些油菜种子品质都比喷施 1 次的要低。

试验研究结果表明，百草枯在落黄和脱水的效果上是最好的。百草枯不适合过多喷施，喷施时期应以油菜收割前的 3～5 天为宜。综合对产量和品质的影响上，乙烯利是最佳的选择，可以喷施 1～2 次，喷施时期和用量需要进一步研究。而萘乙酸对千粒重有所增加，特别是喷施 3 次后，但是在脱水效果上不明显，所以可以考虑萘乙酸和脱水效果好的药剂进行复配对油菜进行催熟以达到更好的催熟效果。

二、菜籽的贮藏

（一）油菜种子特性

油菜种子油脂含量高，种子呈卵圆形，种皮薄，种子较小，一般千粒重在 3～5 克，其种胚成熟早，不耐贮藏，种子寿命在 2～5 年，属中等寿命种子。油菜籽具有很强的吸湿性，在种子收获季节，如遇高温高湿天气，空气湿度大，极易造成种子回潮发芽，种子发霉变质。一般长江中下游地区油菜4月下旬至5月中下旬成熟，常遇到梅雨季节，若不能及时晒干，易引起品质急速变劣。油菜籽含油量高，一般可达36%～42%，籽粒导热性差，孔隙度小，含杂质多，堆积湿热不易散发，即便种子处于安全水分，也容易导致发热霉坏。种子堆温度高，种子内部能量代谢加快，损耗大，发芽率随之降低，同时也会降低含油量。由于种子含油量高，容易引起酸化，导致腐烂。

（二）种子入库前的准备

1. 库房的清理消毒

油菜种子入库前，必须做好仓库和仓具的清理消毒工作。由于油菜籽粒小，种子圆形易滚动，入库前要彻底清理仓具和杂质、垃圾等防止品种混杂和病虫滋生。仓库不应堆砌其他杂物，尤其是农药、化肥等物品更不可同库贮藏。农药、化肥具有一定程度的挥发性和腐蚀性，长期与种子堆放在一起，影响油菜籽的生活力。在冬春季节，天气阴冷，温度低，库房环境相对封闭，仓库里的农药、化肥等挥发性有害气体难以排出。长期同库存放，对种子胚芽细胞具有腐蚀作用，种子呼吸时吸入有害气体会引起细胞中毒，使其生活力降低，失去发芽力。

2. 适宜的贮藏器具

油菜籽粒小，表面光滑、圆形，易滚动，以编织袋、麻袋装袋贮藏为好，应注意不使用密闭不透气塑料袋贮藏。塑料袋贮藏种子会导致通气不畅，种子温度过高，若此时油菜籽含水量相对较高，加剧种子无氧呼吸，产生有毒有害物质毒害种胚，同时呼吸产生的水分和热量不易散发，而使种子发热霉变。

3. 种子干燥、清选

人工收割油菜，通常在田间晾晒就地脱粒，脱粒后进行筛选晾晒。晒菜籽时应注意等晒场先升温晒热，随后再铺摊菜籽，不宜采用冷铺法（即晒场尚未晒热就铺摊菜籽）。因菜籽颗粒光滑，有效表面积大，如晒场未热就进行摊晒，则表层籽粒与底层籽粒吸热散湿不平衡，进仓后容易发生变质。晒干后须经摊晾冷却才可进仓，以防种子堆内部温度过高，发生干热现象（即菜籽因闷热而引起脂肪分解，增加酸度，降低出油率）。收获后的油菜籽亦可通过油菜籽烘干设备将菜籽从自然水分干燥到安全贮藏条件，目前广泛采用的干燥方式是加热干燥。菜籽入库前应进行风选一次，以清除尘土杂质及病菌之类，可增强贮藏期间的稳定性。此外应对水分及发芽率进行一次检验，以掌握菜籽在入库前的全面情况。

种子入库时，种子品质、种子成熟度和破碎粒多少、杂质等，都会给种子安全贮藏带来不良后果，特别要把好种子含水量这一关，因为种子含水量的高低对种子安全贮藏起着决定性作用。油菜种子安全含水量在8%～10%。对不同批的种子要分别贮藏，挂好标签，注明种子的名称、数量、产地与入库时间，以防品种混杂。

（三）种子入库贮藏

菜籽入库的安全水分标准不宜机械规定，应视当地气候特点和贮藏条件而有一定的灵活性。就大多数地区一般贮藏条件而言，菜籽水分控制在9%～10%，可保证安全，但如果当地特别高温多湿以及仓库条件较差，最好能将水分控制在8%～9%。油菜籽收获后应抓紧晴天及时干燥降水，一般以日晒为主，烘干为辅，干燥后必须冷凉后方可入仓。干燥过程中应同时进行整理除杂，以减少带菌多的灰尘杂物，减轻发热霉变程度。

1. 控制适当的贮藏温度

在贮藏的过程中，除了要控制种子的水分，还要严格控制温度，温度对于种子的贮藏来说也是一个非常重要的因素，需要按照季节的不同进行不同的把控。在炎热的夏天，温度一般应该控制在 28 ℃～30 ℃，春季或者秋季控制在 13 ℃～15 ℃，冬天应该控制在 6 ℃以下，种温和仓库温度相差3 ℃或者 6 ℃以下要进行通风降温。

2. 合理堆放

菜籽散装的高度应随水分多少而增减，水分在 7%～9%时，堆高可到 1.5～2.0 米；水分在 9%～10%时，堆高只能 1～1.5 米；水分在 10%～

12%时，堆高只能1米左右；水分超过12%时，应进行晾晒后再进仓。散装的种子可将表面耙成波浪形，使菜籽与空气接触面加大，有利于堆内湿热的散发。贮藏时要根据加工的要求和油菜籽的具体情况合理堆存：若含水在10%以下符合加工榨油要求的可矮堆，可以存放到夏季高温前；若需较长时期贮藏，水分应降至8%以下矮堆或包装堆存，供陆续加工榨油；若水分含量为10%～13%，则达不到加工要求，一般只能保存1～3周，应在晴天及时出晒，把水分降到10%以下才能加工和贮藏；若水分达13%以上则随时都有发热霉变的危险，应立即采取措施降低水分含量。

菜籽如采用袋装贮藏法，应尽可能保证通风效果，如堆成“工”字或者“井”字等。菜籽水分在9%以下时，可堆高10包；9%～10%的可堆8～9包；10%～12%的可堆6～7包；12%以上的高度不宜超5包。油菜种子贮藏的高度应该伴随着水分的多少而进行增高或者减少，堆高不得超过2 m。

菜籽进仓时即使水分低，杂质少，仓库条件合乎要求，在贮藏期间仍须遵守一定的严格检查制度。一般在4—10月，对水分在9%～12%的菜籽，应每天检查2次；水分在9%以下的应每天检查一次；在11月至来年3月之间，对水分为9%～12%的菜籽应每天检查一次，水分在9%以下的可隔天检查一次。

（四）油菜籽在贮藏期间的变化

1. 水分的变化

散装菜籽堆里往往会发生水分再分配现象，相较于水稻、玉米等作物种子该现象更为明显。散装堆放的菜籽，其入库水分无论是高（12%左右）还是低（8%左右），经过高温季节的贮藏期，在种堆上、中、下三层的水分都逐渐趋向平衡，其差距不超过0.5%。该现象在散装堆放的菜籽中较为明显，对于袋装贮藏，则将受到一定限制。

2. 酸价和含油量的变化

菜籽在贮藏期间，由于脂肪酶的作用，油分被分解而产生游离脂肪酸，积累在种子内部，使酸价增高；尤其在高温高湿的情况下，这一变化过程进行得更快，结果使菜籽含油量随着贮藏期的延长而逐渐下降。酸价增高的快慢除受水分和温度的影响外，与种子堆的高度以及种子所在层次也有关系，一般种子堆越高，则酸价增高越快，而中、下层的种子则较上层更快。油菜籽所含的脂肪酸主要有棕榈酸、硬脂酸、油酸、亚油酸、亚麻酸、花生烯酸和芥酸等，菜籽中所含的这些不饱和脂肪酸在脂肪酶（特别是脂肪氧化酶）的作用下，被空气中的氧所氧化而形成过氧化物。这种过氧化物具有极强的氧化力，能继续氧化种子的各种物质，而其本身也容易分解成为醛和酮，使油质发生酸败，种子丧失生活力。但在低温低湿条件下，这一变化过程可大大延缓。

3. 生活力变化

水分较高的菜籽进仓后如通风不良，生活力很易丧失，尤其在散装堆放较高的情况下。菜籽贮藏在北方干燥低温条件下，发芽率和含油量亦都有逐年下降趋势，在开始 3～4 年降低比较缓慢，到 5 年以上，就显著下降，根本不能作为种子用，中国科学院陕西分院测定结果可说明这一情况（表 7－3）。在南方高温多湿地区，菜籽的生活力更难保持，如果要长期贮藏，必须采取特殊措施，使其不受外界环境条件的影响。比较简便的方法就是将菜籽与生石灰密封在白铁罐里或瓦罐里，使水分降到 6%～7%或以下，则虽经 5 年的贮藏时间，也能保持发芽率在 80%以上（表 7－4）。

菜籽用低温贮藏，水分在 8%左右，其生活力可保持很长的时间。根据观测结果：菜籽水分在 7.9%～8.5%，用塑料袋贮藏，放在低温箱中（温度约在 8 ℃），经过 10 年以上，发芽率仍保持在 95%以上。

表 7－3　菜籽贮藏年限对发芽率和含油量的影响

贮藏年限/年	发芽率/%	发芽势/%	含油量/%
当年	99.5	99	45.35
1	94	85	43.35
2	78.5	45.5	42.04

续表

贮藏年限/年	发芽率/%	发芽势/%	含油量/%
3	77	45	41.91
4	73	41	41.59
5	17	1	40.85
6	16	0.5	39.6

表 7-4　　贮藏条件和年限对菜籽生活力的影响

贮藏方法	种子水分/%	贮藏年份和种子发芽率/%				
		第1年	第2年	第3年	第4年	第5年
普通贮藏	14.6	45.1	0	—	—	—
	9.2	98.7	91.4	40.0	15.8	—
石灰罐藏	7.8	100.0	100.0	96.3	97.2	81.5

4. 发热生霉

在南方地区，一般菜籽收获后，正值南方高温高湿的梅雨季节，紧接着便是炎热的夏季，这种气候非常不利于油菜籽的贮藏保存。如菜籽水分稍高，就很容易发热生霉，而且发热时间往往持续很久。前人研究结果显示：当年入库油菜籽水分为10%～11%，在7月中旬左右受高温天气影响，种子堆呈现发热特征，种温超过仓温3 ℃～5 ℃，并有浓厚霉变味；到8月下旬中午升到42 ℃，如不进行有效降温处理，可持续发热直到11月份而出现霉变。在7月初发热的部位仅限于中上层某一局部范围内，8月中旬逐渐遍及种子堆上层及中层，9月下旬发展到下层，造成全堆发热。菜籽发热生霉的因素除水分与温度外，与含杂质多少也有一定关系，杂质过多，使菜籽堆通气不良，妨碍散热散湿，容易引起不良后果。

三、油菜产品的加工利用

（一）菜籽油加工与综合利用

菜籽一般含有36%～43%的粗脂肪，是制取食用油的主要作物之一。按照菜籽中芥酸和硫苷含量的差异，菜籽可以分为传统的菜籽和优质的双低菜籽（低芥酸和低硫苷）。目前菜籽基本为“双低”菜籽，主要的生产国有中国、加拿大、印度、日本以及欧盟等国家。目前我国油菜生产已经逐渐实现双低化，同时“双低”菜籽制取菜籽油的品质也已得到认可。近年来，高油酸油菜育种进度加快，高油酸油菜籽中油酸含量高，达到70%以上，可媲美橄榄油，深受市场青睐。

1. 菜籽油中的成分及其生理功能

菜籽油富含不饱和脂肪酸和微量营养成分（如生育酚、甾醇、多酚和β-胡萝卜素等），这些物质具有一定的保健作用，可以改善机体新陈代谢，降低胆固醇，延缓动脉粥样硬化，长期食用有益于机体健康。β-胡萝卜素属于维生素A的前体，可作为一种有效的抗氧化剂，能够清除机体内的自由基，淬灭单线态氧，具有预防血栓、动脉粥样硬化、肿瘤疾病以及抗衰老等功能。研究发现油脂中的维生素E作为脂溶性维生素，与脂蛋白的亲和力较大，因此，能够抑制低密度脂蛋白氧化，从而防治心脑血管疾病。低芥酸菜籽油的脂肪酸组成合理，其中饱和脂肪酸含量较低，仅为7%，油酸含量高达60%，而且亚油酸和亚麻酸含量较为合理，ω-6和ω-3脂肪酸比例适中，所以低芥酸的菜籽油是营养价值较高的食用油。

2. 菜籽油的加工工艺

目前国内外对油菜籽制油工艺进行了改进和创新，并已应用到工业化生产中去。其制油工艺主要有下列几种。

（1）适温预榨——浸出制油工艺

国内外的禽畜饲养研究表明，预榨油温度控制在105 ℃～110 ℃时，饼粕中蛋白质的有效生物效价较高，菜籽饼粕中的可溶性氮最为适用于禽畜的饲养。因此，国外油脂企业对油菜籽多采用 105 ℃～110 ℃榨油。对残留在饼粕中约 9%的菜籽油不再浸出，而是按一定的比例直接添加进配合饲料中去，配合饲料中不再添加油脂。

（2）低温榨油制油工艺

低温榨油制油工艺又称为“冷榨工艺”。该工艺的优点是得到的冷榨油只要稍加过滤就能达到 2～3 级油的标准。并且油菜籽中含有的维生素 E、固醇等脂溶性活性物质能较多地保存在菜籽油中，是理想的膳食用油。低温榨油制油工艺关键设备是冷榨机。国内的冷榨机有单螺杆和双螺杆两种类型。在工艺上，有脱壳—冷榨—浸出制油和脱壳—冷榨—膨化—浸出制油两条路线。前者冷榨后的菜籽饼粕残留油要全部将油脂浸出，需要较长的浸出时间，才能使饼粕残油率达到 1%以下。后者经膨化后，能有效地、快速地降低浸出饼粕中的残油率。

（3）直接浸出法制油工艺

油菜籽经预处理轧坯后直接用溶剂浸出油脂。此法的出油率略低于低温榨油制油工艺，为了进一步提高出油率，可以采用酶（主要是纤维素酶、半纤维素酶和果胶酶）预处理油菜籽，破坏细胞壁，使油脂更容易浸出。由于生产过程在较低温度下进行，可以得到蛋白质变性程度很小的低温粕，以便油料蛋白的提取和利用。但得到的粕仍需进行脱毒方可作为饲用。作为对传统浸出法制油的改进，脱皮和挤压膨化技术正成为“双低”油菜籽高效加工的新技术。国内武汉工业学院、中国农业科学院油料所和无锡粮科院都对此进行了研究。油菜籽脱皮后，经挤压膨化机处理预先挤出部分油脂并形成一定的结构料粒，再进行浸出，可提高得油率。油料在浸出前进行挤压膨化预处理是一种适宜于多种油料的生产工艺。近几年，该技术在国外已得到迅猛发展。目前，美国、印度、瑞士等国均有膨化机生产厂家。

3. 菜籽油精炼副产物的开发利用

（1）菜籽油精炼

菜籽油精炼是菜籽加工中极为重要的一个环节。用压榨、浸出法制得的毛菜油，通常含有多种杂质（非三甘酯成分），致使毛菜油无法满足食用或工业用油的需要，采用必要的精炼手段，可精炼出符合各种需要的成品菜籽油。毛菜油中杂质的含量，随原料品种、产地、制油方法和贮藏条件的不同而异，杂质可大致分为机械杂质（如泥沙、料粕粉末、饼渣、纤维及其他固体物质）、胶溶性杂质（如磷脂、蛋白质、糖类）、脂溶性物质（如游离脂肪酸、甾醇、色素、烃类、砷、汞、3，4-苯并芘）、水等四类。这些杂质大多会影响油脂的贮藏和使用价值。例如，机械杂质、水分、蛋白质、糖类、游离脂肪酸会促进油脂的水解酸败，使油脂变得无法食用。磷脂本身虽然具有很高的营养价值，但它存在于油中会使油色暗淡、混浊，烹饪时产生大量泡沫并转变成黑色沉淀物，影响菜肴的颜色和味道（发苦）。色素则会使油带上很深的颜色。因此，精炼菜油的目的，就是要根据不同的要求，尽量除去有害物质，以提高菜油的品质。

菜籽油精炼方法可分为机械精炼、化学精炼和物理化学精炼。机械精炼包括沉淀、过滤和离心分离，用以分离悬浮在毛油中的机械杂质及部分胶溶性杂质。化学精炼包括碱炼、酸炼。碱炼主要除去游离脂肪酸；酸炼主要除去蛋白质及黏液。物理化学精炼包括水化、吸附、蒸馏。水化主要除去磷脂，吸附主要除去色泽，蒸馏主要除去异味物质。菜油的精炼一般需选用几种精炼工序组合起来，才能达到所要求的质量标准。目前内销和外销的几种菜油就采用了不同的精炼方法，二级菜油以机榨毛油经“过滤—水化”或以浸出毛油经“碱炼（或水化）—脱溶”而制得；一级菜油为毛油经“过滤→碱炼+脱色→脱臭”而制得；内外销色拉油则需经“水化→碱炼→脱色→脱臭过滤”等处理。在选择精炼方法时，必须考虑技术和经济效果，在保证达到质量指标的前提下，力求炼耗最低。

根据我国食用植物油质量标准，菜籽油一般分为一级、二级、三级、四级。一级、二级菜籽油经过脱胶、脱酸、脱色、脱臭等加工工艺，按照其达到对应的国家标准分为一级、二级。一级油和二级油的精炼程度较高，具有无味、色浅、烟点高、炒菜油烟少、低温下不易凝固等特点。精炼后，一级、二级油有害成分的含量较低，菜油中的芥酸等可被脱去，同时也会脱去油脂中的维生素 E、胡萝卜素等营养物质及油脂中的芳香物质。三级油和四级油的精炼程度较低，只经过了简单脱胶、脱酸等程序。其色泽较深，烟点较低，在烹调过程中油烟大。由于精炼程度低，三级、四级油中杂质的含量较高，但同时也保留了部分胡萝卜素、叶绿素、维生素 E 等，其中的营养价值保留得相对全面，油脂的香味浓郁度高。无论是一级油还是四级油，只要符合国家卫生标准，就不会对人体健康产生任何危害，消费者可以放心选用。一级、二级油的纯度较高，杂质含量少，可用于较高温度的烹调，如炒菜等，但也不适合长时间煎炸；三级、四级油不适合用来高温加热，但可用于做汤和炖菜，或用来调馅等。

（2）调和油

调和油又称高合油，它是根据使用需要，将两种以上经精炼的油脂（香味油除外）按比例调配制成的食用油。调和油透明，可作熘、炒、煎、炸或凉拌用油。国内以菜籽油为主体配制的调和油已多达几十种。大体可分为以下几类。

1）营养调和油。双低菜籽油中油酸含量接近 60%或者更高，芥酸和饱和脂肪酸含量极少，多烯酸含量水平适中，比例恰当，油中维生素 E 含量比普通菜籽油高 1 倍左右，氧化稳定性优良。“双低”菜籽油解决了芥酸和硫苷的安全性问题，其脂肪酸组成远优于普通菜籽油和低芥酸菜籽油，是优质植物油之一。将高油酸的“双低”菜籽油与其他植物油调和，是制取脂肪酸平衡、氧化稳定性好的食用油的一种简单方法，可避免对植物油的氢化加工。在西方，“双低”菜籽油已成为低饱和脂肪酸和低胆固醇平衡膳食的一种成分，具有保健功效。开发“双低”菜籽油产品，可促进我国无公害、高营养、卫生安全的食用油的生产，符合国民日益注重保健的消费趋势。

2）经济调和油。以菜籽油为主，配以一定比例的大豆油，其价格比较低廉。

3）风味调和油。以菜籽油、棉籽油、米糠油与香味浓厚的花生油按一定比例调配成轻味花生油，或将前三种油与芝麻油以适当比例调和成轻味芝麻油。

4）煎炸调和油。用菜籽油、棉籽油和棕榈油按一定比例调配，制成含芥酸低、脂肪酸组成平衡、起酥性能好、烟点高的煎炸调和油。

5）高端调和油。山茶调和油、橄榄调和油，主要以山茶油、橄榄油等高端油脂为主体。一般选用精炼大豆油、菜籽油、花生油、葵花籽油、棉籽油等主要原料，还可配有精炼过的米糠油、玉米胚油、茶籽油、红花籽油、小麦胚油等特种油脂。其加工过程是：根据需要选择其他上述两种以上精炼过的油脂，再经脱酸、脱色、脱臭，调和成为调和油。调和油的保质期一般为 12 个月。现在调和油只有企业标准，没有国家标准。调和油的发展前景是美好的，它将成为消费者喜爱的油品之一。

（二）菜籽饼粕深加工与综合利用

近年来我国菜籽饼粕年产量都在 500 万吨以上，居世界首位，是一种极为丰富的饲料蛋白质资源。随着我国低硫苷、低芥酸优质油菜培育和推广工作的迅速发展，与饲料工业降低成本的要求相适应，菜籽饼粕特别是“双低”菜籽饼粕的利用也日益受到重视。

1. 菜籽饼粕及其肥效

菜籽饼粕含有大量的营养物质，是植物生长的良好肥料，能为作物生长提供氮、磷、钾、多种中微量元素和小分子有机营养物质。菜籽饼粕有机肥养分完全肥效持久，适于各类土壤和多种作物，尤其能提高烟草、瓜果、小麦等作物产量和改善品质。而且施用饼肥能调节土壤水、肥、气、热条件，改良长期单施化肥对土壤造成的不良影响，提高土壤肥力。

菜籽饼肥＋化肥与施用纯化肥相比土壤有机质含量提高，饼肥含有的有机质有明显的培肥改土作用，长期施可有效降低土壤容重，使土壤结构疏松，增加土壤团粒结构和土壤孔隙度，增大土壤通气性，提高土壤蓄水保肥能力。油菜饼肥与生物肥配施可以起到增进土壤肥力，协助农作物生长，增强植物抗病、抗旱能力，提高作物品质，减少化肥对土壤污染和降低成本的效果。合理施用饼粕肥可提高土壤中转化酶等多种酶的活性，降低土壤 pH 值，增强土壤保水保肥能力，促进氮、磷、钾的转化和吸收改善土壤环境。虽然菜籽饼粕有机肥是优质的土壤改良剂，但若未腐熟完全的饼肥直接施用，在发酵过程中会产生高温，有可能产生烧根烂种等现象，影响作物的生长发育。

2. 菜籽饼粕高值利用

从油菜菜粕和籽皮中提取浓缩饲料蛋白、植酸和多酚的新技术和新产品，菜籽饼粕的粗蛋白含量一般在 35%～45%，为全价蛋白质，是优质的植物蛋白，是一种潜力非常巨大的蛋白质资源。然而饼粕中的硫苷、植酸、多酚化合物等有害或抗营养成分及菜籽壳的存在，降低了饼粕的生物效价和限制了菜籽蛋白的应用。大量的饼粕只能按少量比例添加到动物饲料中去或用作肥料，造成了蛋白资源的极大浪费。

在“双低”优良油菜品种没有大量推广的时候，菜籽饼粕加工利用的研究多集中在对饼粕中硫代葡萄糖苷（硫苷）的脱除上。随着“双低”油菜的推广，硫苷在菜籽饼粕中的含量大幅降低，它的危害已相对减弱。而菜籽中存在的植酸、多酚类物质的抗营养性对菜籽蛋白饲用质量的影响则愈加突出。植酸、多酚化合物容易使蛋白变成黑褐色，有苦涩味，影响动物的适口性。另外，高质量的养殖需要大量蛋白质含量更高的饼粕。

目前，我国已攻克了油菜深加工中副产品开发的技术难题，成功地从油菜菜粕和籽皮中提取出浓缩饲料蛋白、植酸系列和多酚等高附加值的新产品。建立采用水溶剂分步提取制备多酚、植酸和饲用浓缩蛋白的先进工艺，高效去除了有害、抗营养物质，获得了生物效价高的饲用浓缩蛋白、应用广泛的植酸系列产品，取得了较好的社会经济效益。

（三）油菜植株的开发利用

1. 菜用油菜

油菜作为绿叶蔬菜，其营养价值非常高，不但维生素C含量超过普通水果，还提供了较多的β-胡萝卜素、维生素B_2、钾、钙、镁、膳食纤维等。每100克油菜中钙含量高达108微克，与牛奶大致相当；叶酸含量为46.2微克；β-胡萝卜素含量为620微克。

随着国家对油菜多功能利用开发的重视，作为菜用的油菜薹品种选育成为育种的热门方向，湖南省主要有常德市农林科学研究院油料作物研究所、湖南省作物研究所、湖南农业大学、湖南蔬菜研究所等几家主要的油菜薹品种选育单位，且都已经或即将育成一系列油菜薹新品种，其中已经命名的油菜薹品种有30～40个。目前在湖南省市场上销售的油菜薹品种有10个以上，以湖南省自主选育的品种为主，主要包括油薹929、油薹928、丰早45、沣绿1号、油香薹1号、油香薹3号、狮山油菜薹等品种，其中油薹929与油薹928以其高产、优质特性受到市场普遍好评，占据湖南市场半壁江山，2018年被湖南省农业农村厅明确为全省重点示范推广品种。2019年在首届湖南省油菜薹产业发展交流会上，由湖南省油菜专家指导组组织现场评议，明确了常香薹502、常香薹601、油薹929、湘油420、沣绿1号、油香薹3号、狮山2017和19T10等9个品种口感佳、营养价值高、商品性好，推荐在湖南作蔬菜栽培。

市场上现有油菜薹品种同质化较高，市场普遍反映具有叶片大、蜡粉厚等缺点，在品种选育上需加以改进，改进的主要方向是口感清脆、微甜、纤维素含量低、菜味浓，外观蜡粉薄、叶柄短、毫粗叶小、毫叶比大，即商品外观向白菜薹、红菜薹靠拢，而品质应保留油菜薹的独特风味。

油菜薹加工目前尚处于起步阶段，但作为产业链的重要一环，油菜薹加工意义重大，常德市农林科学研究院与农业高科技企业广西华崧农业科技有限公司初步达成了合作开发油菜薹饮料的意向，并开展了油菜薹绿色保鲜与油菜薹饮料研究，初步获得了一种油菜薹蔬菜汁饮料配方；部分合作社与蔬菜加工企业也开始尝试对油菜薹进行腌渍、脱水等加工。

2. 绿肥及青贮饲料油菜

油菜适应性广且生育期短、种植成本低但营养成分高，具有很好的肥田效果，因而近年常被用来作为绿肥种植。与其他绿肥作物相比，油菜作为绿肥不但可以减少田间杂草及越冬螟虫数量，还可防止土壤流失；油菜根系分泌物可溶解和利用土壤中的难溶性磷，提高土壤有效磷水平，同时可增强土壤微生物和土壤生化活性。油菜作为绿肥目前主要用于水稻田翻压，增加土壤有机质，激活土壤中脲酶和酸性磷酸酶的活性，能显著提高后茬水稻的产量。此外，油菜作为绿肥还应用于提升烟叶品质、套种马铃薯、苹果园培肥等方面。

油菜全株作为饲料，既可以鲜喂，也可以风干后饲喂。油菜作饲料具有种植成本低、产量高、耐盐碱、适口性好、蛋白质和脂肪含量高等优点，其蛋白质和脂肪含量接近甚至超过豆科牧草。在深秋收割后与玉米秸秆混合青贮可作为冬季家畜的优质饲草，能较好地解决家畜在冬春季草料短缺的问题。因此，在我国西北部畜牧业发达但土地贫瘠地区推广油菜，既能有效缓解当地畜牧业冬季青贮饲料短缺的问题，又能使农田保持绿色覆盖，减少水土流失。

饲料油菜的营养化学类型与豆科饲草同属 N 型，粗蛋白含量可与豆科牧草相媲美，粗脂肪含量和钙含量较高，但油菜单位面积粗蛋白含量远比豆科饲草高。相比于豆科饲草，油菜植株通过青贮后不仅能较好地保持其营养特性，减少养分损失，而且柔软多汁，气味酸香，适口性好，能加快家畜胃肠蠕动，刺激消化液分泌，增强消化功能，从而提高饲草的利用率。近年来，饲用油菜先后在全国各地进行了牛、羊、猪的喂养试验，增重效果均十分显著，对肉质也有改善作用，并且在家禽的喂养试验中也有明显的效果。

3. 油菜花的观光及食用价值

油菜因花期较长、种植规模大而具备很高的观赏价值，初春观赏金黄灿烂的油菜花成为人们踏青的首选。近年来，乡村旅游特别是创意农业、休闲观光产业大量涌现，我国江西婺源、青海门源、陕西汉中、云南罗平等地每年围绕油菜花的景观效果纷纷举办油菜花节，使得“油菜花海”成为重要的旅游资源，为当地人们带来了可观的收入。近几年来，通过育种家们不断努力，选育出了花色多样的油菜品种。丰富的油菜花色因其变异类型具有极高的美学和观赏价值，应用于观光农业以后，提高了油菜观赏效果。此外，油菜花还具有食用价值和药用价值，其内含有大量的天然色素，具有安全性高、色泽鲜亮等优点。有研究表明，油菜花色素具有较强的抗氧化能力，可抑制植物油的氧化。油菜花粉中含有丰富的蛋白质、糖类、黄酮类化合物等，在市面上已成为一种纯天然，具有抗氧化、抗衰老功能的保健食品。此外，油菜花蜜腺多且花期长，更是很好的蜜源植物。每年油菜花盛开，养蜂人追逐各地油菜花期养蜂采蜜，使得油菜蜜成为我国最大宗、稳产的蜜种，年产量占全国蜂蜜总产量的50%。

参考文献

［1］官春云．优质油菜的高产栽培技术［M］．长沙：湖南科学技术出版社，1997.

［2］刘后利．实用油菜栽培学［M］．上海：上海科学技术出版社，1987.

［3］中国农业科学院油料作物研究所．中国油菜栽培学［M］．北京：中国农业出版社，1990.